好好存钱

林昌华 著

不知不觉攒下
你的小金库

北京理工大学出版社
BEIJING INSTITUTE OF TECHNOLOGY PRESS

版权专有 侵权必究

图书在版编目（CIP）数据
好好存钱：不知不觉攒下你的小金库 / 林昌华著.
北京：北京理工大学出版社, 2025.1
ISBN 978-7-5763-4638-1
I. TS976.15
中国国家版本馆 CIP 数据核字第 20252317H8 号

责任编辑：徐艳君	文案编辑：徐艳君
责任校对：刘亚男	责任印制：施胜娟

出版发行 / 北京理工大学出版社有限责任公司
社　　址 / 北京市丰台区四合庄路6号
邮　　编 / 100070
电　　话 /（010）68944451（大众售后服务热线）
　　　　　（010）68912824（大众售后服务热线）
网　　址 / http://www.bitpress.com.cn

版 印 次 / 2025年1月第1版第1次印刷
印　　刷 / 三河市中晟雅豪印务有限公司
开　　本 / 880 mm×1230 mm　1/32
印　　张 / 7
字　　数 / 120 千字
价　　格 / 59.80 元

图书出现印装质量问题，请拨打售后服务热线，负责调换

PREFACE
序 言

本书的缘起

为什么我建议你学习储蓄与理财，而不是炒股？

我是一名职业的投资人，从事股票投资和期货交易，尝试过主观多头和量化对冲，见过无数业内人士和业余股民。我从业时间越久，越是认为炒股这一行业，并不适合大多数人参与。炒股需要学习大量的知识。我见过的优秀的投资者和交易员，个个都是博览群书，他们对巴菲特、索罗斯、格雷厄姆、利弗莫尔这些大亨的事迹如数家珍。不幸的是，博览群书也不能保证在股市上赚钱。因为投资是反人性的，"知"和"行"之间有着巨大的鸿沟。人性的贪婪和恐惧在资本市场中被放大得淋漓尽致，哪怕是十几年的股市老手，都免不了有手心冒汗、头脑发热的时候。

炒股（包括炒期货）是世界上门槛最低的生意，低到任何人开个户就能参与；炒股又是世界上门槛最高的生意，因为大多数人终其一生，依然是"七负二平一赢"中的那个"七"。

因此，除非你像我一样从事这一行业，否则，我劝你不要炒股，而是先从存钱开始，学会理财。

在每个人的一生中，都能遇到几次大的机遇。对于巴菲特来说，可能是股票遍地白菜价的机会；对于年轻夫妇来说，可能是买房的机会；对于打工者来说，可能是在一家有前景的公司工作，老板给予期权激励的机会；对于其他人来说，可能是创业的机会。

无论是什么机会，你都需要钱。而现实情况是，机会来临时，你也知道这是个机会，但是，你没有钱去抓住它。

资产价格往往是同涨同跌的，当股票价格跌到低位，你想进场的时候，才发现你持有的其他资产也缩水了，你没有余钱了！

当你被列入公司期权激励的名单里时，你会发现由于平时花钱大手大脚，现在没钱参与了！

所以，先学存钱，再学赚钱，否则机会来临时，你会发现连赚钱的子弹都没有准备好。巴菲特之所以能在机会来临时下重注，是因为他的伯克希尔·哈撒韦公司经营的保险业务提供了充沛的资金。而大多数人只能依赖工资收入，没有办法像巴菲特一样，机会来临时扣动扳机。如果你连存钱这一关都没过，何谈赚钱？创业机会来了，却没有资金；投资机会来了，却没有子弹；急需买房、治病的时候，也是囊中羞涩。

早知如此，何必当初呢？

如果你正值青壮年，且并非从事金融行业，那么你最应该做的，不是花心思炒股，而是专心做好本职工作，在自己的专业领域中赚到钱，并通过一些基本的、简单的理财技巧，把这些钱存下来，让它们保值增值。

记住，理财是发不了财的，但是可以让你在遇到发财的机会时有子弹可打。

本书的读者

朋友问我："现在的理财书太多了，你为什么要多写一本？"

我阅读过大量理财书籍，发现它们都存在两个问题：一是泛泛而谈，二是目标错误。

首先是泛泛而谈。要写好一本给小白看的理财书,比写一本专业书籍更难,因为针对的是非专业人士,既要把深奥的财经知识讲得浅显易懂,又不能蜻蜓点水,平衡通俗和深刻是一门艺术。为了让小白能够读懂,许多书籍写得过于宽泛,受众涵盖老、中、青三代人,将年轻人如何存钱、中年人如何买保险、老年人如何应付退休,都写进一本书里。不仅如此,他们还试图在一本书里讲清楚股票、债券、基金、保险、房地产的投资方法,最后的结果必然是"样样通,样样松"。

其次是目标错误。理财是为了赚钱吗?不是!赚钱,一靠勤奋,二靠机遇。你的日常工作是精进自己的老本行,而不是去琢磨怎么炒股,大多数股民是赚不到钱的。至于理财,收益率能比银行存款高就不错了,但是许多理财书籍却教你如何实现财富自由,这完全是本末倒置。

记住,理财的目的是存钱,是在低风险的前提下,尽可能获得比银行存款更高的收益,以便在机会来临时,给你提供充足的粮草和子弹。

所以,我想针对非金融行业的年轻读者,写一本以存钱为目的的理财书,这本书需要兼具系统性和实操性。

(1)非金融行业:如果你就读于财经专业,或从事金融工作,本书的内容恐怕过于基础,专业人士大可以去投资股票、期货。既然你对理财感兴趣，那么我默认你是投资领域的"小白"。

（2）年轻读者：本书不讲家庭资产配置以及如何规划养老退休。本书针对的是抗风险能力较强、事业处于上升期的年轻读者，我们的策略是在低风险的前提下，尽可能获得比存款更高的收益。

（3）以存钱为目的：请记住，理财不能发财，存钱才是目的。本书教你如何存钱，以便在未来想大干一场的时候有资金可以用。

（4）系统性：理财也是一种投资行为，所以本书讲的是一套投资体系，如果你照着做，能够培养良好的投资理念和行为习惯。

（5）实操性：因为是针对"小白"读者，本书更加重视实操性，会提供具体的工具和步骤。

本书的结构

本书第一章将帮助你建立存钱的意识，树立理财的观念。别小看存钱，它不仅仅是把钱存在银行里那么简单。

第一章讲的是理念，那么理念如何落地成计划？第二章和第三章将以开源节流为底层逻辑，帮助你梳理日常开支，构建自己的理财计划。

第二章侧重节流，毕竟没有省钱，也就无财可理。那么这些省下来的钱，是否有合适的去处？如何在风险可控的范围内，让它们保值增值？第三章将侧重开源，介绍一些低风险的投资品种，可以兼顾资金的流动性和财产的安全性。

现在，你省下了钱，也有了投资的去处，但是具体如何配置这些资产呢？什么情况下基金可以多买一些？什么情况下要减持？这就是第四章将要告诉你的内容。

综上所述，本书的结构如下图所示。

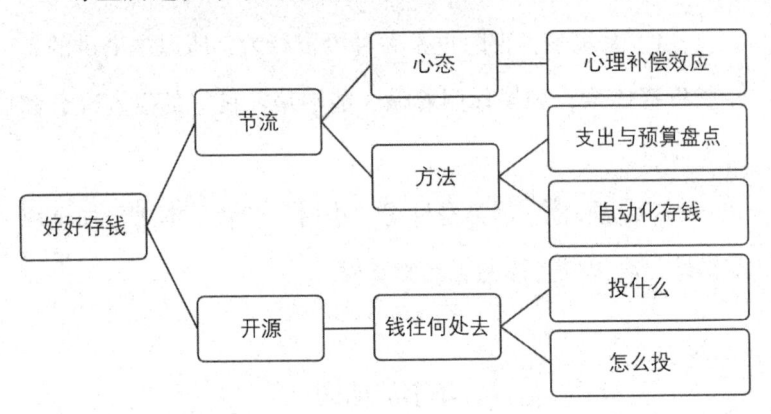

```
                   ┌── 心态 ── 心理补偿效应
            ┌─ 节流┤
            │      │         ┌── 支出与预算盘点
            │      └── 方法 ──┤
好好存钱 ──┤                └── 自动化存钱
            │
            │                 ┌── 投什么
            └─ 开源 ── 钱往何处去┤
                              └── 怎么投
```

下面就要开始本书的正文了，祝你读完本书后，可以轻松、踏实地攒下属于你的人生财富。

CONTENTS
目 录

第一章 再不理财就晚了

第一节　我劝你不要炒股——001

第二节　高筑墙，广积粮，缓称王——003

第三节　存钱，就要先省钱——005

第四节　复利的四个条件——010

第五节　存钱和理财的关系——014

第二章 节流：从制订理财计划开始

第一节　控制消费欲望——016

第二节　如何管理你的负债——030

第三节　打造你的"自动财务团队"——036

第四节　这些存钱工具靠谱吗——050

第三章　开源：让存起来的金钱增值

第一节　钱可以往何处去——066

第二节　如何投资指数基金？——083

第三节　如何投资债券基金——106

第四节　如何投资海外基金——122

第五节　如何投资黄金——137

第四章　组合：构建资产配置策略

第一节　设计你的理财策略——159

第二节　稳健路线之定投策略——165

第三节　激进路线之杠铃策略——183

第四节　小明理财记——199

后记　理财，一生的修行

第一章　再不理财就晚了

第一节　我劝你不要炒股

炒股真不是人干的事情。

炒股,或者广义地说,包括股票、期货在内的金融市场的投资和交易。它和电商、IT、房地产等行业一样,都只是三百六十行的其中一行而已。既然三百六十行,隔行如隔山,行外人最好不碰。

但偏偏这又是一个兼职人员满地走的行业。

根据中国证券登记结算公司的统计,目前中国股民数量已突破两亿人,他们来自各行各业,有学生、司机、厨师、程序员等,每个人都是怀揣钞票进来,充满失望而去。

身为这一行业的全职人员,我每天都要花十几个小时在这上面。在交易时间里,花花绿绿的K线图看得我眼花缭乱,即使市场收盘了,我也要抽空研究各个行业和公司的研报,这就是基金经理的日常。即便如此,基金经理也时常犯错,就连大名鼎鼎的查理·芒格,也曾在某只互联网中概股上亏掉了一大笔钱。

基金经理每天全身心地投入其中都不一定保证赚钱,令人费解的是,这两亿多兼职人员却不以为然,他们总幻想着自己能发大财,最后把钱都赔了进去。如果全职的专业人士都免不了亏钱,凭什么这些兼职人员就能打败专业机构,走向人生巅峰?

因为进入这一行业的门槛太低了,你只需要到券商营业厅开个账户就可以开始交易了。资本市场一夜暴富的神话又吸引着人们,使得每个人都跃跃欲试,认为自己就是那个天选之子。

投资是一门专业的工作,开户简单,但要做好它却特别难,甚至穷尽一生都做不好。你不但要懂宏观经济、行业分析、企业财务、资产估值,还要时刻保持理性、坚守纪律,即使资产浮亏了30%,你也要脸不红、心不跳。

这真是一个反人性的行业。

怎样才能发财?精进本职工作,做到行业顶尖专家的水平，你就能赚到钱。你不要吃着自己碗里的，看着基金经理锅里的。你手上端着的这个碗——你的本职工作就是你的立身之本。你用业余兴趣挑战别人吃饭的本事，自然是赢不了的。

第二节　高筑墙，广积粮，缓称王

有人说："你的意思是让我放下暴富梦，老老实实地上班？但是这样日复一日地上班，什么时候才能赚到大钱呢？"

要改变命运，一次机会足矣，而且每个人在一生中都能碰到几次足以翻身的大机会。

2013年，白酒"塑化剂"事件爆发，茅台股价大跌，市盈率一度掉到个位数。我的一位前辈在那时出手了！他卖掉了北京市中心的一套房，全仓茅台并持有至今，现在早已财务自由。

我向他请教投资的秘诀，他滔滔不绝地谈了两个小时，包括他如何努力地研究茅台，参加了多少场白酒行业研讨会等。然而他自己都没意识到，这笔交易最关键的成功要素其实是北京市中心那套闲置的房子！当机会来临时，他可以把房子卖了去买茅台的股票。

只有他发现了茅台的"黄金坑"吗？不是！谁都知道茅台跌出了大机会，但大多数人在那个时候是没有钱的，因为资产价格同涨同跌，明知机会来了，却没有钱可以用，只能眼睁睁地看着机会白白失去，并安慰自己"下次再出手也不迟"。但是，从2013年至今这十几年间，茅台再也没有出现过这么诱人的机会了。

人生只能遇到几次大机会，一旦失去，就不会再来了。

就投资而言，仓位，才是赚钱的关键，而不是收益率。如果我有1亿元的资金，10%的收益率，我每年的收入也有1 000万元。假设你只有10万元的资金，即使收益率100%，你也就只赚10万元。茅台出现了百年一遇的机会，你买一手茅台，他卖房全仓茅台，两者的结局当然不一样。所以当投资的机会来临时，你要做的是重仓、满仓。

但前提是，你要有钱。

如果你有一个创业的机会，你是否有足够的启动资金？如果你的老板是下一个乔布斯，你是否有足够的钱参与他的股权激励？如果你要买房，你是否攒够了首付款？很多人的回答是：没有。

难怪朱元璋的谋士告诉他要"高筑墙，广积粮，缓称王"。当竞争对手都在称王称帝的时候，朱元璋保持低调，默默地积蓄实力。终于在鄱阳湖之战中，他出手就"满仓"，打败了陈友谅。

所以，你一定要先学会存钱，存钱不能让你发财，但是可以让你抓住发财的机会。存钱，是为了下一次满仓而准备的弹药。

如果不好好存钱，你只能眼睁睁地看着机会溜走。一次、两次机会溜走之后，已经人到暮年。对不起，你可能再也没有机会了。

我们不知道人生机遇何时到来，我们能做的是，拥有随时满仓的实力。

第三节 存钱，就要先省钱

消费和消费主义是两回事。

消费是人们日常生活的正常行为，必要的消费，以及合理、偶尔的高消费，都是可以接受的。吃腻了外卖，偶尔来顿大餐，这很合理。

但消费主义作为一种价值观，则是不合理的。观念上的消费主义是："由于经济条件的限制还不能实现高消费，但已经在极力追求或模仿高消费的生活方式，甚至常常超出经济能力去追求心理或观念上的消费。城市青年群体是观念上的消费主义最主要的接受者，他们首先在观念上认同消费主义的价值取向和生活方式，崇尚个人享乐和所谓的个性，向往高消费、高端品牌，把高端品牌与高品位等同起来，把高消费与美好的个性生活结合起来。"

通俗的解释就是：买不起也要买，今天收到3 000元工资，就要买5 000元的东西，不能亏待了自己。

消费主义盛行于美国，这和美国特殊的经济地位分不开。然而，消费主义在中国，注定是水土不服的。

有人就不理解了：为什么美国人可以天天花钱买东西，我们就不行？

这里面的因素是综合性的，本书先不谈科技创新、吸引移民等众所周知的原因，我们只聊一聊美元。

全球经济体可分为消费国、生产国、资源国三类，分别以美国、中国、俄罗斯为代表。美国是消费国，是全球最大的买家，常年对外贸易逆差。根据CEIC提供的数据，2022年美国人均家庭支出高达30 402.917美元，同时期的中国人均家庭支出仅4 515.302美元。消费为美国贡献了近七成的GDP。

美元是全球货币，又和石油挂钩，制造国辛苦地从事生产和贸易，从美国人的口袋里赚来了钱，才发现工业化的血液——石油，还需要用美元来换。因此，全球天然地对美元有需求，支撑起了美元的汇率，强势美元引导全球资本通过投资美国资产的方式回流美国，从而维持着美国的国际收支平衡，支撑着美国经济的发展。美国强大的综合国力为美元提供信誉背书，即使联邦政府债务规模已逼近35万亿美元大关，全球的投资者依然相信美元的信用。纵观全球，暂无第二个国家能做到这一点。

所以，美国人的消费主义价值观，是以其特殊的经济基础为土壤的，美国以消费国的形式参与了全球经济分工，而强势美元又支撑了美国的国际收支平衡，难怪美国人可以肆无忌惮地买遍全球了。中国作为制造国，是没有这样的土壤的，制造国需要资本投入，所以视储蓄为美德，这样银行才可以把钱贷给企业用以扩张，企业再把产品制造出来以出口的形式卖给消费国，完成经济循环。所以，美国人的超前消费可以由全世界买单，而你的超前消费只能让未来的自己买单。

美国人喜欢花钱，中国人喜欢存钱，背后都是经济规律。

有人觉得，储蓄是一件很亏待自己的事情，其实不然。储蓄的本质是把今天的购买力留到未来，因为理财会让钱升值，今天忍住不买奥拓，明天就能买奥迪。所以中国人崇尚先苦后甜。

我们来做一个计算。

假设你现在25岁，工资并不高，每个月入不敷出，还需要刷信用卡，那么你未来的每一笔收入，都要用来填补今天的欠款。那样的话你就存不下钱来，等你三十而立的时候，依然囊中羞涩，甚至还负债累累。当机会来临时，你哪来的弹药？能填饱肚子就不错了。

假设你决定开始存钱，每个月省吃俭用存下1 000元，而且每隔三四年加薪一次，你能每月多存1 000元。如此下来，在你35岁的时候，你就能存到30万元，总好过一身负债。此处为方便计算，不考虑通货膨胀（简称"通胀"）和存款利息。

再假设，你还掌握了一点理财方法，能让存下来的钱以年化5%的速度增值——目前大多数银行理财产品能做到年化3%以上的收益率，因此5%是一个靠谱的假设——那么在你35岁那年，你将拥有超过36万元的存款，比纯粹存钱还多6万元；如果你比较幸运，能做到10%的年化收益率——部分指数基金有望实现这个收益率水平——那么你的存款将接近45万元。

这就是复利的魔力（见表1-1）。

表1-1　5%收益率和10%收益率的理财结果　　　　　　元

年龄	每个月省下	存款总额（5%收益率）	存款总额（10%收益率）
25岁	1 000	12 600.00	13 200.00
26岁	1 000	25 230.00	26 520.00
27岁	1 000	38 491.50	41 172.00
28岁	2 000	64 416.08	69 289.20
29岁	2 000	91 636.88	100 218.12
30岁	2 000	120 218.72	134 239.93
31岁	3 000	162 229.66	183 663.93
32岁	3 000	206 341.14	238 030.32
33岁	3 000	252 658.20	297 833.35
34岁	3 000	301 291.11	363 616.68
35岁	4 000	364 355.66	447 978.35

假设就在你35岁的时候，你遇到了一次大机会，此时你的手上有36万元甚至45万元的存款。即使没有使用任何"财技"，只是老老实实地把钱存在银行里，你也有30万元的资金可供使用，可谓聊胜于无。

所以，不要觉得省钱是在亏待自己，这些钱还是你的，你只不过是把购买力挪到了未来而已，而现在一元钱的购买力，能让你买到更多、更好的东西。

如果把表1-1中每个月省下来的钱，换成超前消费导致的负债呢？

在这种情况下，即使你每个月都按期还款，没有产生利息，10年下来，你也将累计欠款30万元！与此同时，隔壁的同龄人老王正好存了几十万元，准备大干一场，你却没有拼搏的资本。长此以往，你和老王的差距，恐怕会越来越大。

第四节　复利的四个条件

有些人看到这里就不高兴了："复利的魔力？我都听腻了！凡是理财书就必谈复利，我也照着做了，可好几年过去了，我就是体会不到什么是复利的魔力！"

复利是有魔力的，这点毋庸置疑，但复利要发挥作用，是需要四个条件的：足够高的收益率、足够长的时间、足够大的仓位、不能中断（见图1-1）。很多人无法满足这四个条件，所以复利才不起作用。

图1-1 复利四个条件

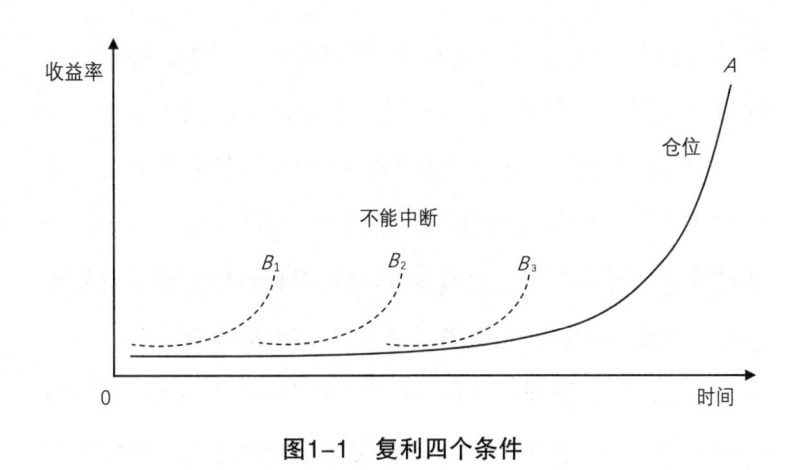

首先是要有足够高的收益率。如表1-1所示，同样一笔钱放同样长的时间，如果年化收益率是5%，你将积累大约36万元的财富，但只要收益率再上升5%，这笔钱会变成将近45万元，足足增加了25%！有些人喜欢存余额宝，但是余额宝的收益率太低了，你再怎么存也发不了财。当然，风险和收益是成正比的，有的人极度厌恶风险，但如果你决定用低收益换取安全感，就不要指望能够看到明显的复利效应。

你可能认为上文的例子不够吸引人，因为理财10年，不同的收益率也仅仅带来9万元的差距而已，可能你一年的年终奖都不止这个数。这就对了，复利效应的第二个条件就是要有足够大的仓位。

如果小明有100万元的资本，即使收益率5%，他一年的收益也会有5万元；但如果小明只有1万元的资本，即使今年收益率翻倍，收益也只有1万元。上述例子假设的是你一个月只能存1 000元，但是，如果你一个月可以存1万元呢？那么10年之后，你拥有的就不是45万元，而是450万元了。到那时即使你买一个年化收益率为4%的银行理财产品，每年也会有18万元的收益，足够满足基本日常生活的需求了。

那么，怎么做到一个月存1万元呢？还是那句话，做好自己的本职工作，你手上端着的饭碗才是赚钱之道。理财是不能让你发财的，你要在自己主业上赚到钱，再把这些钱拿来理财。

工薪族不可能有太多资本，也没有获得高收益率的专业能力，既然如此，只能进来长期持有，让复利发挥作用，这是复利的第三个条件——时间。这个时间很长，甚至要以十年来算。很多人理财短短两三年就想看到效果，如果你没有做好长期理财的准备，就不要妄谈复利。

最后，也是被很多人忽视的条件，就是复利是不能中断的。很多人喜欢高风险、高收益的投资方式，今天赚了20%，明天亏掉25%，走一步，退两步，这样操作，复利是发挥不了作用的。如图1-1所示，A曲线精进而专注，最终产生复利效应；但很多人的做法就像B_1曲线，才刚刚开始没多久，就觉得不满意，停下来换成B_2曲线；B_2曲线才刚刚开始发挥作用，又觉得不妥，又换成B_3曲线；随着时间的流逝，A曲线功成名就，而B_1、B_2曲线还在原地打转。有些人不管做什么都不专注，今天打个井，明天挖条河，就是不肯一门心思坚持下去。

本书接下来要教你的理财方法，均符合复利四大条件的特征。

（1）足够高的收益率。书中所讲的一些理财品种，过往历史年化收益率可达10%左右，这是理财人士所能达到的最理想的收益率水平。

（2）足够大的仓位。本书的理念是，理财不是发财的手段，赚钱最靠谱的方法是精进自己的职业技能，努力做好本职工作，再把工作赚到的钱拿来打理。

（3）足够长的时间。利用自动化工具降低心理补偿效应，让你不知不觉完成理财行为，达到日积月累的效果。

（4）复利不能中断。通过多品种、多市场配置，对冲经济周期和单个经济体的系统性风险，在长期内实现大概率盈利。

复利是一定会发挥作用的，但要有正确的方法。从今天起，掌握正确的理财观念和方式，坚持执行，从何时开始都不晚。但如果再不理财就晚了！

第五节 存钱和理财的关系

自始至终,本书都将教你怎么好好存钱,而理财是存钱的手段,存钱才是理财的目的。

那么,我们为什么要存钱呢?存钱是为了给未来的机会储备子弹,也为了有足够的粮草抵御风险。所以,抓住人生机遇是我们的目的,而存钱是一种手段。存钱和理财的关系如图1-2所示。

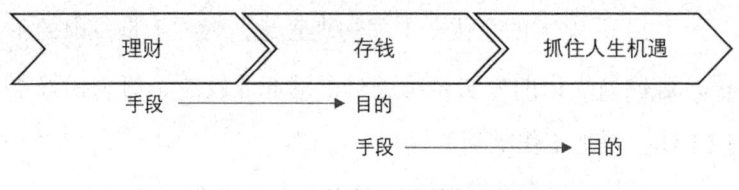

理财 手段⟶ 存钱 目的
存钱 手段⟶ 抓住人生机遇 目的

图1-2 存钱和理财的关系

本书的原则就是在风险可控的前提下获取尽可能满意的收益率,优先考虑的是金钱的保值,然后才是增值。而且书中所讲的方法都是自动化、不占用精力的。你要把主要精力用于本职工作的精进,而不要把理财当成主业。

【练习】

本书会在必要的章节中插入"练习"栏目。这个栏目非常重要,它是该章节方法论的精华总结,是你迈出从理论到实践的第一步。当你看到"练习"栏目时,请照着做。

本章的目的在于改变你的理财观念,让你意识到存钱的重要性。请你再一次认真阅读本章的精华观点。

(1)要发财,就要做好本职工作,并且要抓住人生少有的几次大机遇。

(2)但是,大多数人没有为此做好准备,当机遇来临时没有能力去抓住,只能任由机遇溜走,从而蹉跎一生,这太可惜了!

(3)存钱不能让你发财,但是,存钱可以让你储备粮草,当机遇来临时,让你有子弹可打,这才是存钱的真正目的。

(4)只存钱是不行的,因为通胀会让你的钱贬值,所以一定要学会理财。

(5)理财是存钱的手段,而存钱是抓住人生机遇的手段,抓住机遇才是改变命运的手段。

(6)复利效应是有用的,但是必须具备四个条件,本书教你的理财方法,是满足复利四大条件的,你只需要照做即可。

第二章　节流：从制订理财计划开始

第一节　控制消费欲望

理财，要先有财可理，所以你要先想办法存钱，这是理财的第一步。

道理都明白，问题是，你就是存不下钱来啊！你每个月的工资还没捂热就全部花光了，怎么存钱呢？

所以，存钱的第一步是"节流"，也就是省钱。你要把不必要的开支尽可能节省下来，少花钱才能存到钱，但这并不容易。要做到省钱，又得从心态和方法两个方面入手，图2-1所示为省钱的基本思路。

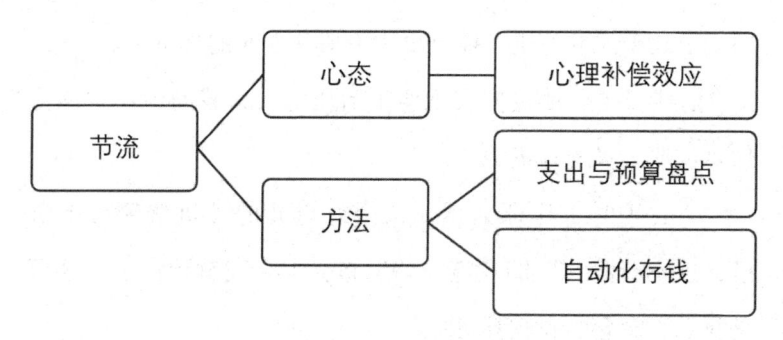

```
                  ┌── 心态 ──── 心理补偿效应
                  │
         节流 ────┤          ┌── 支出与预算盘点
                  │          │
                  └── 方法 ──┤
                             └── 自动化存钱
```

图2-1 省钱的基本思路

为什么你会当"月光族"

为什么你存不下钱？是因为低收入加上高支出吗？这或许是客观的原因。年轻人初入职场的时候，工资都不会太高，扣除每个月的房租、水电、吃饭等硬性开销，每个月确实存不了多少钱，甚至入不敷出，还得靠家里接济。

但是，钱就像海绵里的水，挤一挤还是有的。大多数人存不下钱的真正原因，不在于低收入，而在于高支出，本质上是控制不住花钱的欲望。

我有个朋友，赶上了一个好行业，进入了一家好公司，经过数年的奋斗，他终于当上了高管，目前月薪高达几万元，无疑是高收入群体了。但是，他的消费欲望也随着一起膨胀，他每天出入高档餐厅，给孩子购买最好的玩具，就连他的耳机也要几千元。毕竟"由俭入奢易，由奢入俭难"，用惯了几千元的耳机,他再也听不惯几百元的耳机了。

前些日子,朋友向我抱怨生活压力大,我问他:"谁让你要买那么贵的耳机呢?"

"我平时工作那么累,买个好点儿的耳机犒劳一下自己,也不行吗?"朋友道,"发布会那天我就预订了,这可是我心心念念的新款耳机!"

我明白了,他之所以花钱大手大脚,月入几万元还是"月光族",原来是心理补偿机制作怪啊!

心理补偿机制是一种常见的心理现象,当一个人觉得在某处吃了亏之后,他必须在别处补偿回来,以实现心理上的平衡;否则,他会因为"亏待了自己"而感到痛苦。补偿心理无处不在。例如,今天出门锻炼了一小时,回家路上买个冰激凌犒劳自己;今天发了工资,想起自己这个月来的辛苦付出,于是买个贵一点的包犒劳自己;发了年终奖,正好赶上年底的电商购物节,结果买了一些根本用不到的东西……

赚钱并不容易。我的这位朋友,每天早出晚归,在外努力工作,在家照顾小孩,几乎没有个人时间,美食和电影是他难得的娱乐项目。为了获得更好的观影体验,他最近又添置了一套几万元的HiFi音响设备。他真的需要这些东西吗?不是,他只是想补偿自己在工作上的辛苦付出而已。他之所以存不下钱,还是因为控制不住欲望。

那么，控制心理补偿效应，就能控制住消费欲望了吗？

如果我写这本书，只是苦口婆心地劝你要控制欲望，那么你现在就可以把书合上了。

心理补偿源自动物本能，控制欲望源自理性，你很难用理性来控制自己的本能，否则，就没有"冲动是魔鬼"这一说法了。

人脑的生理结构决定了人类是情绪的动物，所以人类是很难用理性控制欲望的。美国国家精神卫生研究院神经学专家保罗·麦克里恩在1970年提出了三脑理论（见图2-2）。他认为，人脑是由三个部分组成的，掌管动物本能的部分称为爬行脑，它包裹着脑干，连接着神经中枢，是人类最先发育出来的大脑。随着进化的演变，人类在爬行脑之外慢慢发展出掌管情绪的哺乳脑以及具备理性思考能力的理智脑。三层大脑是由内而外、由先而后发展出来的。爬行脑最接近脑干，所以当神经系统将信息传输给人脑的时候，最先接收到信号的是爬行脑，随后才是哺乳脑和理智脑。

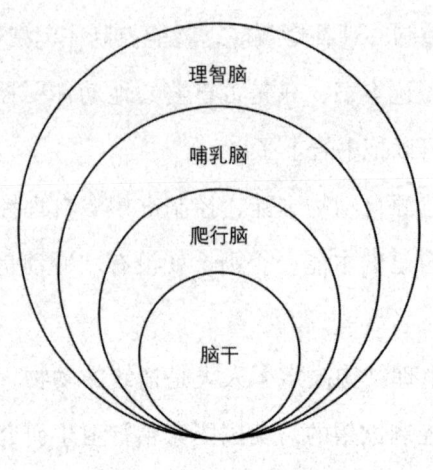

图2-2 三脑理论示意图

这种生理结构就决定了人类的动物本能一定是优先于情绪和理智的。就像男孩子偶遇自己喜欢的女孩子一样,大脑还没反应过来,就已经面红耳赤、不知所措了。收到工资的时候总想一买而后快,过了几天又怀着后悔的心情点了"退款"按钮。人类是本能和情绪的俘虏,能用理智战胜本能和情感的人毕竟是少数。

所以,劝你保持理性,控制消费欲望,努力存钱,这都是在说空话。

但是,如果能利用好动物本能,减少对理性的依赖,每个月存下一笔钱倒也不是难事。

"控制消费欲望"是一个伪命题

反人性是很难成功的,顺人性才没有阻力,与其凭意志力来存钱,不如设计某些机制,尽可能顺应人性来达到目的。

股市是人性的放大器,即使你有十几年的经验,也会在行情下跌30%时感到慌乱。此时此刻,你早已失去了理性思考的能力,只是本能地想要结束这种痛苦,从而作出错误的决策。明明要长期持有的仓位,却被你抛售了;谁知刚刚抛完,市场就反弹向上,你捶胸顿足,懊悔不已。你不知道自己在犯错吗?当然知道。但是在面对人性的弱点时,你的理智脑早就断片儿了。

为了规避这种现象,基金公司决定培训专业的交易员,让他们成为能够坚决执行交易规则的理性机器。但事与愿违,招进一批,又会马上淘汰一批,交易员更换的速度比翻书还快。为什么交易员的职业生涯如此短暂?因为即使经过专业训练,许多交易员在面临极端行情时也无法做到脸不红、心不跳,也就难以坚守规则。

直到计算机普及之后,老板一拍大腿:"我为什么非要把人变成机器?我为什么不直接让机器来做这件事?"

量化交易应运而生。机器没有情绪,能够坚决执行既定的交易指令,从而规避人为交易的天然缺陷。计算机不会因为一根K线的变化而乱了阵脚,而是全程保持理性。很多人以为量化交易的优势就在于速度快且高频,殊不知,机器最大的优势其实是执行力——坚持根据规则行事的能力。即使在中低频的交易系统中,机器的表现也强于人类。

理财的道理也一样,存钱是反人性的。既然如此,我们为什么不用机器来自动存钱呢?

先做财务盘点

在使用理财工具之前,你要先做好财务盘点,才能知道自己每个月能省下多少钱。

在量化交易中,计算执行交易程序只是最后的执行阶段,前置工作——策略开发和数据分析才是工作量最大的阶段。你要了解自己能够动用的资金量,从而计算出能够交易的品种和仓位。理财虽然没有那么复杂,但道理是一样的:你需要盘点自己的收支状况,计算出每个月能存多少钱,至于使用什么工具,只是最后的临门一脚。

盘点的具体工作就是查看自己以往的收支情况,从而计算出每个月计划的存钱金额。把这部分金额存下来后,你既能实现自己的目标,又不会让自己吃不饱、穿不暖。

只需要一张简单的表格即可完成这项工作。现在,拿出一张纸,中间对折,将纸分为左右两边。左边是你每个月的收入，右边是你每个月的支出，如果收入大于支出，就意味着你有盈余，那么你可以把这部分盈余储存起来，为将来储备粮草。如果收入几乎等同于支出，甚至入不敷出，需要家人接济或者刷信用卡度日，那理财也就无从说起了（见图2-3）。

但是，左边的收入项是可以控制的，毕竟每个月的工资是固定的，很难做到说增加就增加，所以盘点的关键是尽可能把右侧的支出砍掉，把盈余节省出来。

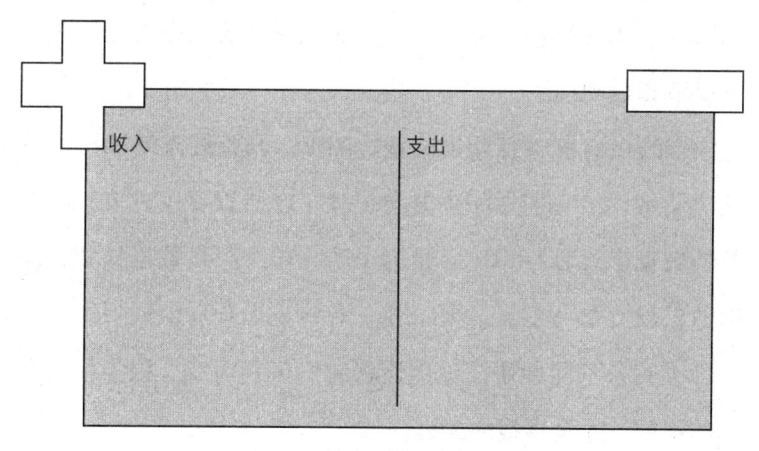

图2-3 财务盘点表示意图

盘点可以分为自下而上和自上而下两种路径，至于采用哪种路径，因人而异。

自下而上指的是分析你过往3~6个月的收支情况，计算出你每个月的收入与支出平均数，以及各类支出的构成与占比。

你的主要任务是要找到那些本可以节省下来的非必要支出，从而计算出你每个月能够存钱的金额。假设你盘点了最近半年来的收入和支出发现，你的平均月收入是10 000元，平均月支出是9 800元，每个月只能省下200元。但是，这9 800元的月平均支出里，有很多非必要的开支，比如给网络主播打赏的钱。如果砍掉这些开支，你会发现，仅需要9 000元就可以满足你的日常生活了，这就意味着实际上你每个月可以节省1 000元。

方法很简单，打开你的银行APP，调查过去3~6个月的支出明细，给它们做一个分类统计。之所以要用过去3~6个月的数据来计算平均值，是为了防止单个月份数据异常，使得数据没有参考意义。要记住，有些支出项看似同一类别，实际上具备不同性质，你应该将它们区别对待，因为找出它们的不同，才是省钱的关键。

常见的类别如下：

（1）衣：你在心仪的服饰鞋包上花掉了不少钱，但是，这些开支真的是必要的吗？假设你的皮鞋坏了，那么你是时候买一双新鞋了，因为你需要应对商务接待场合。但是，如果一双几百元的皮鞋就够用的话，你没有必要买上千元的高档皮鞋，很少有无聊人士会通过看你穿的鞋子来对你下判断。至于冲动购买的知名品牌限量款运动鞋，就更没必要了。

（2）食：一顿便饭，几十元即可，这是必要支出。如果是朋友聚会，人均支出少说也要上百元，若非必要，可以少聚几次。至于嘴馋而买的零食和奶茶，更是没有必要。所以，不能笼统地计算当月的吃饭钱，而是要作出区分。有的食物是用来填饱肚子的，有的是用来应酬的，还有的是用来解嘴馋的。同样是请客吃饭，应酬是不能省的，聚餐则是可有可无的。少喝两杯奶茶，少吃几顿大餐，你会惊讶地发现能省下不少钱。

（3）住：住宿的支出往往是刚性的，房租、物业费、宽带费，每个月都是固定的，但是水电费是可以节省的。只要有心，总能找到省钱的项目。

（4）行：不要把出行的支出笼统地列为交通费用，而是应该细化为公共交通费、打车费、停车费、自己开车的油费等不同的类别。如果打车更便宜，你就不要自己开车，从而节省停车费和油费；如果乘坐公交地铁就能到达目的地，那就不要打车。

（5）其他：除了日常开支，你还会有其他支出，尤其是娱乐性的。少玩一场游戏，少去一次KTV，少刷几次直播，你真的可以省下不少钱。

通过盘点，你就能将必要与非必要支出区分开来。请你扪心自问：这些钱真的有必要花吗？此时，一定要诚实地面对自己。如果这顿饭是为了和客户培养关系，那就不应该节省，要把它视为对未来的投资；但仅仅因为嘴馋而花的钱，是本可以省下来的。通过复盘，你就能计算出自己每个月实际上能节省下来的钱。

自上而下的方式是不做历史分析，而是直接定一个存钱目标，不管自己每个月的支出是多少，只要工资一到账，就强制把某个金额的钱存起来。至于金额多少，因人而异，比如强制把月收入的10%存起来，或者每个月强制存3 000元。这样做的好处是目标导向性强，能够优先完成存钱任务，就当自己降薪了，该如何省吃俭用再说。

【练习】

盘点是存钱的第一步，也是最关键的一步。请你找个安静的地方，花上半小时的时间，好好做一次盘点。

（1）请打开你的银行APP，调出明细。

（2）把表2-1打印出来，或复制拷贝到Excel工作表中，或画在纸上。

（3）在表格第2列中列出各项细分开支的名称。该表格只是一个模板，如果你有其他支出，请自行添加，力求事无巨细。

（4）计算过去3~6个月你每一个细分开支的平均值，并填入表2-1的第3列中。该列指的是你实际发生的支出，比如实际花费300元买了一件衣服，就可以记录到这一列。

（5）根据省钱原则重新审视每一项支出，把你计划花的钱记录到第4列中，该数值必须小于或等于第3列。比如经过盘点，你认为每个月花在衣服上的钱只需要200元，那么就应该把200元写在第4列中。

表2-1 过去3~6个月的支出明细盘点表

第1列	第2列	第3列	第4列
支出大类	支出小类	平均支出/元	计划支出/元
衣	工作装		
	休闲装		
	箱包类		
	饰品类		
	其他（自己补充）		
食	正餐		

续表

第1列	第2列	第3列	第4列
支出大类	支出小类	平均支出/元	计划支出/元
	零食		
	朋友聚餐		
	应酬		
	其他（自己补充）		
住	房租（房贷）		
	水电燃气费		
	宽带费		
	物业费		
	其他（自己补充）		
行	公共交通费		
	油费（电费）		
	停车费		
	打车费		
	其他（自己补充）		
玩	线上娱乐		
	线下娱乐		
	其他（自己补充）		
学	买书		

续表

第1列	第2列	第3列	第4列
支出大类	支出小类	平均支出/元	计划支出/元
	培训班和课程		
	其他（自己补充）		
健	健身房月费		
	教练费		
	运动饮料		
	蛋白粉		
	其他（自己补充）		
其他	信用卡还款		
	信用卡利息		
	其他（自己补充）		
合计			

盘点完成后，请填写以下内容。

（1）过去＿＿个月，我每个月的平均支出一共是＿＿元。

（2）如果我节省一点，每个月的平均支出只需要＿＿元。

（3）我现在的每个月固定收入是＿＿元（收入不是

我们能控制的，如果你的收入浮动较大，就记录固定收入的部分）。

（4）所以，我每个月能省下_____元（该数值由固定收入–平均支出得出）。

第二节　如何管理你的负债

在盘点的过程中你会发现，有一样东西，金额和占比都很大，还节省不下来，它是你每个月的硬性支出，是你存不下钱的拦路虎，那就是负债。

债务是一个敏感的话题，不同人对债务有不同的态度。我的一个朋友小A就非常保守，他视负债为洪水猛兽，一有负债就让他浑身难受，好像背上了沉重的负担一样。因为不想背负房贷，小A一直不愿意买房，也永远失去了买房的机会。另一个朋友小B是做生意的，负债上了瘾，年景好的时候，他为了扩张生意，把信用卡、抵押贷全数用上，在本市最好的街道上开了十几家店。过了几年生意不好做了，小B只好苦苦还债，店也关得只剩三家了。

看来，不负债是不行的，就像小A，因为拒绝负债而失去了买房最好的时机；但不懂得管理负债也是不行的，就像小B，短短几年就把赚到的钱都吐了回去。

罗伯特·清崎在《富爸爸》系列丛书中提到，负债是分好坏的。有的负债能帮助你实现财务目标，这种负债就是好的，比如房产贷款、教育贷款、生意贷款，这些负债可以帮你创造收入，或者间接地提高创造收入的能力，从而增加你的净资产。坏负债则是纯粹的消耗型负债，你用负债换来的东西会持续贬值，比如汽车贷款、消费贷等。

然而，罗伯特·清崎是日裔美国人，他所说的情况并不适用于中国。

就拿房产贷款来说，无论是中国人还是美国人，都希望在大城市里有一套自己的房子，但是对中国人来说，房子是一种和权利（比如户口）绑定的特殊消费品。你真正想要的不是那个几十平方米的水泥盒子，而是某种附加于其上的市民权利，这就决定了中国房产的高溢价。根据Numbeo提供的数据，2021年，中国的房价负担能力指数为0.45，位列全球倒数第九；按揭占收入百分比为223.16%，位列全球第十八。相比之下，美国的房价负担能力指数为3.4，按揭占收入百分比为29.42%。对于美国人来说，房地产按揭贷款是可以承担的良性负债，但对中国人来说则超出了收入能力的范围。

罗伯特·清崎还写道，可以利用负债来买房，然后把房子租出去来赚现金流。如果房贷是3 000元，但是以4 000元出租给别人，你就有了1 000元的净现金流，你为了买房而支付的就是"好负债"。但是根据Numbeo的数据，中国城市中心的平均总租金收益率是1.52%，而美国是7.74%，所以说罗伯特·清崎的书根本不适合中国的情况。很明显，就中国目前的房价水平而言，罗伯特·清崎的经验是很难照搬过来的。

教育贷款是另一种公认的"好负债"，因为教育也是一种投资，你花钱上好学校，将来就能拿到高工资，很快就能把你当年的学费赚回来了。教育是永不贬值的投资，中国人对教育尤其重视。

幸运的是，在中国，教育的直接成本并不高，且不说国家已经普及了九年义务教育，即使是大学的学费也不高。假设大学学费为6 000元/年，那么四年的总成本也就24 000元，而且成绩优秀者还有奖学金。除了一些民办院校或国际学校，贷款上学的情况还是比较少见的。但是一些间接成本，如课外培训、上大学的生活费等，就因人而异了。

生意贷款要具体问题具体分析，不同的生意有不同的性质，而且做生意的毕竟是少数，大多数人还是工薪族，所以本书不讨论生意贷款。如果你从没做过生意，而是想贷一笔款后辞职创业，那我劝你一定要打消这个念头。

所以在中国，很少存在罗伯特·清崎说的"好负债"。

如果你的现金流太弱,一定要谨慎负债。

你要管理三种负债

对于工薪族来说,有三类负债是最常见的,分别是房贷、车贷、消费贷(含信用卡贷款)。

年轻人要不要买房?这是一个复杂的话题,但有一点是可以肯定的,那就是"房住不炒"。我国常住人口城镇化率已经从2012年的53.1%提高到了2023年的66.2%,但是2023年的出生人口仅902万人,已经连续七年下降。房价之所以上涨,无非是因为国家城镇化进程快速推进,增量人口大量涌入城市,再加上教育、医疗等资源的供给跟不上,导致房子供不应求。但是现在,中国的城镇化已到后期,人口出生率也在下降,已经无法为房地产市场带来持续的增量需求了。未来房价会有波动,但很难再大涨,房子不再是投资品,而是实实在在的消费品。

所以,要不要买房,就看你是否有消费需求。因为房子的本质是市民权利,与读书、看病、福利等挂钩,所以刚需房当然可以考虑,但是你一定要记住"量入为出"的道理。如果你一个月只能省下2 000元,却要背负1万元的房贷,那实在是没必要。随着房子投资属性的消失,房价暴涨的时代已经过去,你完全可以缓一缓再买,不怕"没上车"。

如果你真的决定买房,但又负担不起大城市的房贷,那么有个小技巧,就是可以先购买周边二、三线城市的房子,先保个底,然后把房子出租给别人,用赚来的租金去大城市租房,相当于做了现金流互换。年轻人最重要的是事业的发展,而大城市有着更多的机会。在周边城市买房并非最终目的,只是为了将来有能力的时候做资产置换之用。

车贷也是负债的大项。汽车真是一项可有可无的支出。大城市普遍拥堵,所以才有了越来越发达的公共交通网络。如果你觉得公交系统等车、转车太耗时间,也可以选择价格便宜又方便的网约车。

城市青年的通勤主要集中在公司和住处之间的两点一线,如果可以,尽可能住在公司或地铁沿线附近以减少通勤时间,特地买辆车实属没必要。我的一位在北京工作的朋友本有买车的打算,但是再三思量之后,他决定打车上下班,理由是可以在车上放空自己,早上可以思考今天的日程,晚上可以做复盘,而不是在上下班堵车高峰期中浪费精力。如果一定要买车,尽可能买便宜实用的代步车,市面上已经出现了不到5万元的新能源迷你车,驾驶体验丝毫不差。

最后是包括信用卡在内的消费贷。对于此类贷款,我的看法是离得越远越好。消费贷是公认的"坏负债",但是在消费主义盛行下,超前消费成了时尚。请你从现在起,暂时把书合上，注销包括花呗在内的互联网消费信贷工具，如果你有信用卡，也请将其注销。

【练习】

本节的目标是减少负债，所以，你可能要在上一次练习的结果中做一次修正。

（1）经过_____个月的盘点，我发现自己承担的负债如表2-2所示。

表2-2　过去3~6个月的个人负债盘点表

第1列	第2列	第3列	第4列
负债大类	负债小类	平均支出/元	计划支出/元
房贷			
车贷			
消费贷	信用卡		
	花呗		
其他			
合计			

每个月的负债支出包含了你要归还的本金及利息，请把

你现在每个月的真实支出写到第3列,并把经过调整后的负债支出写到第4列。两列合计金额之差,就是你能进一步省下来的钱。

(2)上一次练习中,我计算出自己每个月能节省的钱有_____元。

(3)现在,我还能从负债中再省下_____元。

(4)以上两个数字相加,意味着我每个月能节省_____元。

第三节 打造你的"自动财务团队"

聘请"自动交易员"

现在,你计算出了每个月能存下来的金额,问题是,如何才能把这笔钱真正存下来呢?这就是执行力的问题了。这可不容易做到,因为心理补偿效应会把你拉入"月光族"的深渊。当你收到工资的时候,你的第一个想法肯定是花钱犒劳自己一个月来的辛苦付出,存钱于你而言是非常痛苦的事情。

人性做不到的事,可以让机器参与。你可以使用软件来自动划扣,不要人为地执行这个动作,这样就不会激活你的补偿心理。即使你意识到钱被自动划扣了,但是你并没有人为地做出存钱的行为，心理不平衡的感觉会降到最低。你要把精力集中在本职工作上，忘记存钱这件事情的存在，让软件充当你的自动交易员，让它默默地为你执行这个动作。

许多软件都能实现自动存钱的功能，但是要顺利地完成存钱计划，这个软件的使用频率就不能太高，否则会出现反效果，常见的应用比如微信钱包、余额宝等，并不适合用来存钱。

第一个原因是，高频应用会经常让你想起"我正在存钱"这件事，从而时不时地引起补偿心理。既然自己有个"小金库"，那么偶尔买个包也就不是问题了——好不容易存下来的钱又被花完了。微信是中国人日常使用频率最高的应用软件之一，如果你开通了零钱通，就会在日常使用微信的过程中频繁地看到自己的存钱金额，说不定哪天就忍不住花掉了。理想的工具要能够帮助我们不知不觉地存钱，最好让自己忘记这件事，从而避免忍不住花钱的冲动。

支付宝一般用于一定金额以上的支付场景，使用频率较微信低，所以很多人喜欢把钱存在余额宝里。但余额宝毕竟是最流行的理财产品之一，在支付宝中的位置也很显眼，每当你打开支付宝的时候，余额宝的金额就会时不时地展示在你面前，这又激发了"我正在存钱"的意识，一不小心，心理补偿效应又起作用了。所以，余额宝也不是很理想的存钱工具。

　　第二个原因是，理想的存钱工具必须提高花钱的门槛，但是微信和支付宝总是反其道而行，它们还鼓励你开通免密支付功能，降低了花钱的门槛，钱就更存不下来了。当你使用支付宝时，软件会自动从余额宝里扣款，微信的零钱通也有同样的问题，你会不知不觉地把钱花掉。如果这样，这些钱就白存了。

　　支付宝的小荷包是较为合适的自动化存钱工具，它既非高频应用，又不能轻易花钱，这两个特征使它成为理想的存钱工具。你只需在程序中设置好自动存钱计划，程序就会定期、定额地为你自动存钱，成为一个低调、勤快的"自动交易员"。但是记住，千万不要把小荷包程序图标放置在支付宝首页中！最好忘记这个应用的存在，让它默默地工作，不要去打扰它、询问它，不要让它引起"我正在存钱"的意识。

　　在支付宝主页面的搜索栏中输入"支付宝小荷包"，找到程序入口。

　　进入小荷包程序后，选择开通功能。小荷包的用途记得一定要选择"自己用"选项（见图2-4）。如果你创建了多人共用的小荷包，其他成员不需要密码，也不需要你的确认，就能把小荷包里的钱转走，你将面临巨大的损失。你也不应该和家人、伴侣共用小荷包，因为对方不一定能遵守你的理财计划，甚至可能会擅自动用存款，引起不必要的支出。所以，这个小荷包一定是你自己单独使用的。

图2-4　小荷包用途一定要选择"自己用"选项

点击"确认新建小荷包"按钮，给小荷包取个心仪的名字后，即可正式使用了。

创建好小荷包后，记得在小荷包的主页面上点击"设置"按钮（见图2-5）。

```
给未来的自己  自己用              设置 >

          总金额(元) 👁
            0.00
        🪙 收益已开启 查看 >

      转出              转入

   付款    收款    攒钱    限额    权益
```

图2-5　小荷包的设置与攒钱功能入口

找到"个人设置，仅对自己生效"一栏，将"资金变动提醒"和"在我支付时可以使用这个小荷包"功能都关闭（见图2-6）。此举非常关键！这相当于告诉它："从今天起，你要按照计划来帮我执行存钱任务，但是在这个过程中，不要向我汇报，不要提醒我，更不要随随便便花掉这些存下来的钱。"

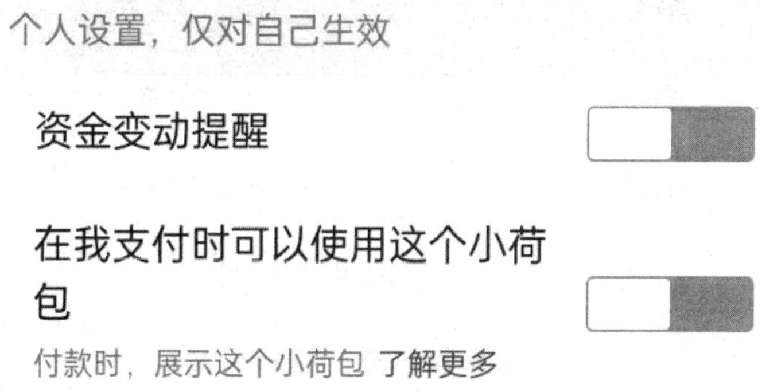

个人设置，仅对自己生效

资金变动提醒

在我支付时可以使用这个小荷包

付款时，展示这个小荷包 了解更多

图2-6　关闭小荷包的提醒和支付功能

完成之后，回到小荷包界面，点击"攒钱"按钮（见图2-5），添加"自动攒"计划。这一步的关键在于，一定要采用高频、小额的攒钱方式。假设你每个月要存1 000元，那么可以设置为"每日攒"，每次自动存入35元（见图2-7）；或者"每周攒"，每次250元。

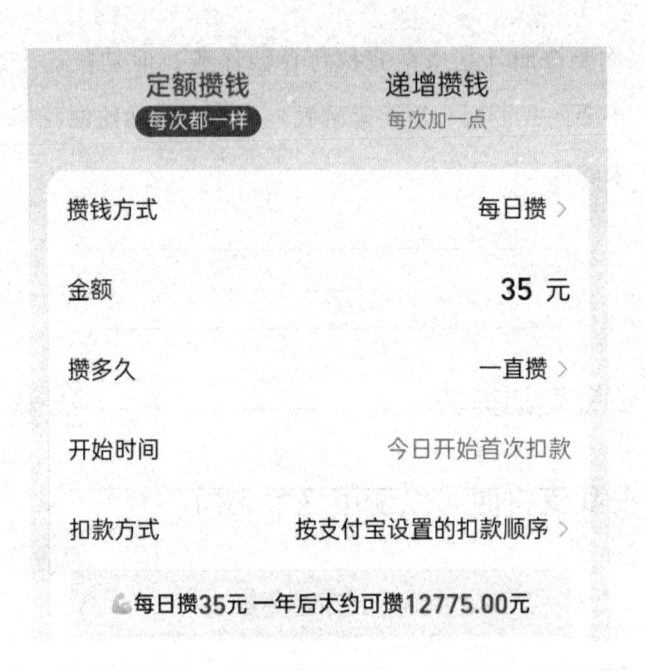

| 定额攒钱 | 递增攒钱 |
| 每次都一样 | 每次加一点 |

攒钱方式	每日攒 >
金额	35 元
攒多久	一直攒 >
开始时间	今日开始首次扣款
扣款方式	按支付宝设置的扣款顺序 >

每日攒35元 一年后大约可攒12775.00元

图2-7 设置高频、小额的攒钱计划，建议使用"每日攒"

  因为高频率、小金额的攒钱方式不会让你意识到自己在存钱。如果用"每月攒"的方式，每次一次性地存入1 000元，就会因为金额太大，银行卡余额变动太明显，激活你"我正在存钱"的意识，这就难免会引起补偿心理。但是，如果每天存入几十元，你就不会意识到钱被小荷包扣了，即使意识到了，几十元的金额也不至于引起太大的补偿心理。

  利用小荷包存钱的原则就是不提醒、高频率、小金额。在这个原则上，你可以根据自己的实际情况制定存钱方式，比如递增攒钱法，每天多攒一元钱等。具体的金额和方法因人而异。

如果你有一笔意外之财，最好直接将这笔钱转入小荷包中防止花掉。你可以将小荷包的收款码保存到相册中，用来代替微信收款码（见图2-8）。一旦钱进入小荷包，你就不容易花掉它了，存钱的目的也就达到了。

图2-8 小荷包主页面的"转入"和"收款"功能

可以看出，小荷包是非常理想的存钱工具。一方面，它的存在感很低，不会经常激活你的存钱意识；另一方面，它可以设置支付门槛，不会让钱在无意中被花掉。更重要的是，它能实现每天小额存钱，让你几乎意识不到金钱的流出，久而久之，账户积少成多，钱就存下来了。

如果出于某些原因，你不得不使用小荷包来付款，那么记得关闭"免密支付/扣款"功能，并且在"优先使用该小荷包扣款"的设置中把付款优先级调到最后（见图2-9）。无论如何，请尽可能不动用小荷包里的钱。

资金变动提醒

在我支付时可以使用这个小荷包
付款时，展示这个小荷包 了解更多

优先使用该小荷包扣款 推荐

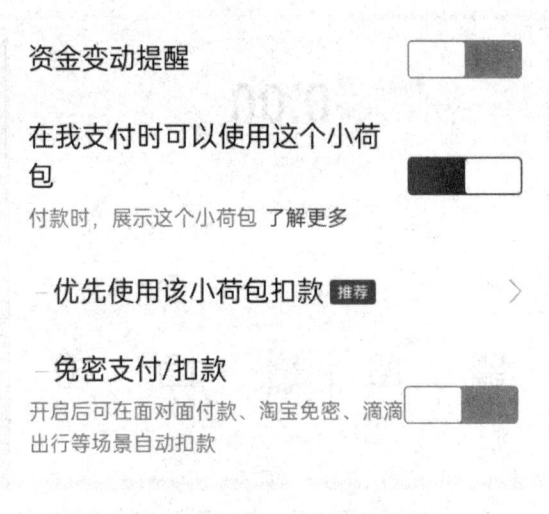

免密支付/扣款
开启后可在面对面付款、淘宝免密、滴滴出行等场景自动扣款

图2-9 设置小荷包扣款机制

让小荷包的钱自动增值

虽然我们完成了存钱的任务，但这远远不够，因为通货膨胀的存在，钱是会贬值的，所以才需要理财。理财的首要

目的是保值，进阶目的是增值（见图2-10）。增值的方法将在第三章揭晓，本章先讲怎么保值。

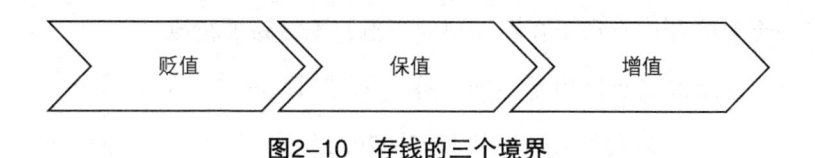

贬值 → 保值 → 增值

图2-10　存钱的三个境界

小荷包自带权益增值功能，该功能本质上就是一只类似余额宝的货币基金，虽然收益率不高，但毕竟是闲置的钱，收益率再低，也比放着贬值要好，何况这些功能都是自动化的，不需要耗费额外的精力。

在小荷包主页面点击"权益"按钮，开通"安心攒"功能（见图2-11）。接下来，小荷包不但能自动为你攒钱，还能帮你赚利息，何乐而不为？

付款　收款　攒钱　限额　权益

图2-11　小荷包权益入口

该功能由余额宝提供，收益的发放时间、计算规则都和余额宝一致，你今天存进去的钱，会在下一个交易日由基金公司进行份额确认，确认后的次日发放收益。只是它比余额宝更隐蔽，有利于存钱计划的实施，不容易被花掉。

余额宝是货币基金的一种，你要知道的是，货币基金是不能带来多大收益的。从2007—2022年这15年间，中国年均通货膨胀率大约是2.59%，而货币基金的年化收益率大约是2.6%，虽然可以大致做到保值，但无法完成增值目标。因为扣除通胀率后，货币基金的实际收益率几乎为零。开通这个功能的目的是最大化地利用资金，在你还没有找到好的投资渠道时，也要尽可能让资金增值。

小荷包是一个初阶的存钱工具，适合那些管不住手、存不下钱的人，但是，它能提供的投资渠道有限。如果你不满足于货币基金的收益，又愿意承担更高的风险，那么可以仔细阅读第三章的内容，我们会讲解更丰富的理财渠道。

聘请"自动记账员"

对于是否要记账，我的看法是聊胜于无。即使你开启了自己的存钱计划，也要持续记账；否则，你根本不知道自己每个月花了多少钱，都花到了哪里，你也无法计算出每个月能省下多少钱。

看到这里，有的人可能觉得很难受，因为记账是一件无聊又费事的工作，很多人记着记着就半途而废了，一旦坚持不下来，数据就不完善，账本也就形同虚设了。所以在开始记账之前，你要明白几个要点。

首先，模糊的正确优于正确的错误。记账是为了大致统计出你的支出结构，没有必要过分在意细枝末节。有的人下载了记账APP后，力求事无巨细，就连今天坐了几趟公交车，花了几元，也记录其中。这就太费神了，记录一个大致的数字即可，比如今天坐了三趟公交车，总共花了3.8元，你在一天即将结束时，大致记录4元的花费即可。至于实际上是不是真的花费了4元整，这并不重要。

其次，记账是自下而上统计的延续。即使你完成了过往3~6个月的支出盘点，也要持续统计接下来的支出，并在每个月底做一次分析，看看现在的支出结构和样本期相比是否发生了显著变化，如果是，你恐怕需要重新制订存钱计划了。记账是每月支出的动态监控，你可以清楚地知道，从本月开始至今，你已经花费了多少钱，是否在合理的范围内，以及在接下来的日子里，你还有多少钱能花，这样你就不会乱花钱了。

最后，只要记录支出，不需要记录收入。因为大多数人的收入是相对稳定的，每个月的工资都是固定的，记录收入的意义不大，重点在于支出端的分析和控制。

幸运的是，你不需要特地下载一个专门的记账类APP，已经有软件在帮你做这件事了，那就是微信和支付宝。如今的移动支付十分发达，相信你已经很久没用过纸币了，即使有，也因为占比极少，不会对你的统计数据造成实质性影响。在你使用移动支付的时候，APP会自动记录每一笔收支，微信和支付宝这两个APP就是你的"自动记账员"，具体操作分别如下：

（1）微信支付账单明细入口：在微信界面右下角选择"我"→"服务"→"钱包"→"账单"命令。

（2）支付宝账单明细入口：在支付宝界面右下角选择"我的"→"账单"命令。

目前常用的支付工具有两个，微信一般用于小额支付，支付宝用于一定金额以上的支付。这使得账本数据集中，方便统计，你不需要从多个APP里收集数据。所以，定期算一算账，并不是一件难事。

你要做的统计如下：

（1）每个月末，对当月的支出进行一次自下而上的统计，看看是否和样本期的统计有较大出入，若有，考虑是否修正计划。

（2）每个周末，对当周的支出进行一次粗略的统计，看看迄今为止，你的支出是否在预期的范围内，否则在月底的时候，你可能会因为拮据而不得不动用那部分存下来的资金，长此以往，则理财无意义。

【练习】

本节讲了用小荷包自动存钱的方法，现在就开始动手实践你的第一个存钱计划吧！

小荷包使用步骤如下：

（1）在支付宝界面中输入"支付宝小荷包"，进入小荷包程序。

（2）开通小荷包，记住一定要选择"自己用"选项。

（3）在小荷包的主页面上点击"设置"，在"个人设置，仅对自己生效"一栏中，将"资金变动提醒"和"在我支付时可以使用这个小荷包"功能都关闭。

（4）回到小荷包界面，点击"攒钱"按钮，添加"自动攒"计划。然后继续完善你的计划。

①在上一次练习中，我算出自己每个月的计划存钱金额是_____元。

②我打算按_____（日/周/月）存钱，每次_____元。

（5）回到小荷包主页面，点击"权益"按钮，开通"安心攒"功能，让小荷包为你创造利息。

第四节　这些存钱工具靠谱吗

在实践中，我发现很多理财者会考虑其他的存钱工具，其中最流行的有三种：一种是银行理财产品；另一种是类似年金险这样的类存款保险产品；还有一种是分红型的保险产品。这三种产品适合用来存钱吗？

银行理财产品

当理财的概念被广大群众所知时，最先普及的就是银行理财产品。银行理财产品是指商业银行在对潜在目标客户群分析研究的基础上，针对特定目标客户群开发设计并销售的资金投资和管理计划。

银行理财产品其实是银行提供的各类投资工具的统称，具体来看，不同产品的风险收益不一样，不能一概而论。银行既提供风险极低的结构性存款和货币基金，也提供风险极高的股权投资类产品，可谓种类丰富。表2-3对各类银行理财产品做了梳理。

表2-3 银行理财产品梳理

产品大类	产品名称	风险与收益特征
债券投资类	票据投资理财产品	风险很低；收益率明确且较低
债券投资类	信贷资产投资类理财产品	由银行承诺回购的，风险极低，收益率明确且较低；银行未承诺回购的，一般是将信贷资产作为另外一个信托，投资的只是优先级债权，风险较低，收益率明确且不高
结构性存款和货币市场基金类	结构性存款和货币投资基金类理财产品	风险极低；收益率不高
证券投资类	股票投资类理财产品	风险很高；收益率可能很高，但难以预测
证券投资类	打新类理财产品	风险较低；收益率取决于证券市场的情况，牛市时收益率非常高
证券投资类	法人股或者限售股投资类理财产品	风险很高；收益率可能很高，但难以预测；收益情况取决于具体投资组合的市场价格表现和证券市场情况
证券投资类	基金投资类产品	风险和收益情况取决于基金的投资对象；偏股型基金的风险较高，收益率可能很高，但难以预测
证券投资类	公司债券投资理财产品	风险情况取决于公司的基本面及债券的担保物情况；收益率明确，收益率中等

续表

产品大类	产品名称	风险与收益特征
证券投资类	企业债券投资类理财产品	风险情况取决于发行公司的基本面及债券的担保物情况；收益率明确，收益率中等
	政府债券投资类	风险近乎零；收益率明确，但不高；一般作为理财资金投资的资产配置之一
	资产支持证券投资类理财产品	风险情况取决于银行信贷资产的质量，优先级的证券风险较低，次级证券风险稍高；收益率明确，收益率中下
PE类	PE类股权投资信托产品	风险很高；时间一般较长；收益率可能很高，但难以预测
资产投资类	房地产资产投资理财产品	风险较低；收益率中等，风险和收益与经济形势和房地产形势存在密切关系
	基础设施投资理财产品	风险较低；收益率中等；该类理财产品国外多见
资产支持信托产品投资类	财产权资产支持信托产品投资理财产品	风险和收益情况取决于基础资产的情况及信托产品设计的风险控制措施
	不动产支持信托产品投资理财产品	风险和收益情况取决于基础资产的情况及信托产品设计的风险控制措施

续表

产品大类	产品名称	风险与收益特征
商品投资类	黄金投资理财产品	风险和收益情况取决于黄金的价格走势
	名酒投资理财产品	风险和收益情况取决于投资对象未来的价格走势；一般风险较低，收益率中等
贷款和短期融资类	贷款类理财产品	风险取决于借款人和担保人的基本面以及担保物的情况，其中银行担保的理财产品风险近乎零；收益率明确，收益率中等
	短期融资类理财产品	风险取决于融资对象和合同义务人、担保人的基本面以及担保物的情况；收益率明确，收益率中等
挂钩类	挂钩类结构型理财产品	本金一般由银行提供担保，本金无风险；收益率情况则取决于挂钩对象的表现以及产品的设计等多方面的因素，收益率浮动较大
QDII[①]类	QDII理财产品	风险很高，不但面临投资对象的风险，而且面临汇率风险；收益率不确定

银行理财产品虽然种类丰富，涵盖各类风险等级，但总的来说，理财资金60%以上投资于债券、票据与货币市场，约20%投资于信贷相关产品。由于银行受众以中产阶级家庭

---

① QDII: qualified domestic institutional investor, 合格境内机构投资者。

为主，所以整体上还是偏低风险和低收益的。如果你感兴趣，可以自行前往银行柜台咨询，银行会评估你的风险承受能力和需求，向你推荐合适的理财产品。你也可以在银行的APP上搜索"理财"，在线购买合适的理财产品。

那么，银行理财产品是否优于余额宝呢？你可以通过安全性、收益率、流动性三个要素进行综合评估。

既然要存钱，那就一定要优先考虑安全性，这是原则和底线，其次才考虑收益率和流动性。图2-12是某大型国有商业银行的理财页面，图中两款产品的业绩比较基准（代表管理人的投资目标，仅为参考值，而不是实际收益率），在5%左右，但第一款产品需3万元起购，不适合每月小额定投的用户。而且，这两款产品都属于封闭型基金，封闭期高达188天。这就意味着，一旦你买入此类产品，就要牺牲半年的流动性，一旦你急需用钱，是不能把产品卖掉变现的。你还能在该银行的APP中找到不少写着"无固定期限"的高收益产品，只需一元起购，近三个月年化收益率可达5%以上。这类产品看似门槛很低，但是当你点击进入详情页后就会发现，此类产品也有大约半年的封闭期。所谓的"无固定期限"，特指基金产品没有固定的到期日，理论上可以永续存在，你可以随时买入，但是买入之后就不能随时卖出了。

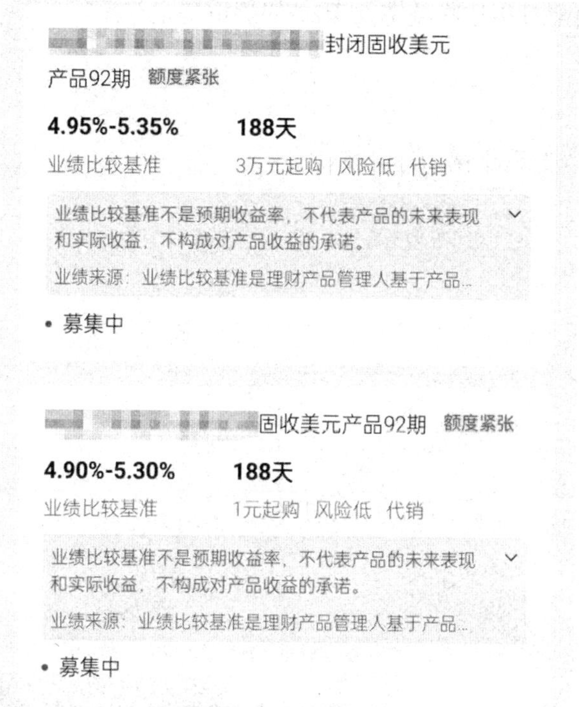

███████████████ 封闭固收美元

产品92期　额度紧张

4.95%-5.35%　　188天

业绩比较基准　　3万元起购　风险低　代销

业绩比较基准不是预期收益率，不代表产品的未来表现和实际收益，不构成对产品收益的承诺。

业绩来源：业绩比较基准是理财产品管理人基于产品…

- 募集中

███████████████ 固收美元产品92期　额度紧张

4.90%-5.30%　　188天

业绩比较基准　　1元起购　风险低　代销

业绩比较基准不是预期收益率，不代表产品的未来表现和实际收益，不构成对产品收益的承诺。

业绩来源：业绩比较基准是理财产品管理人基于产品…

- 募集中

图2-12　某大型国有商业银行APP的理财页面

如果你担心自己未来随时要用钱，愿意牺牲收益率以换取流动性，你也可以在银行APP中找到类似余额宝的货币基金产品。如图2-13所示，该银行也提供了可随时支取的货币基金产品，该产品的七日年化收益率是1.9399%，高于同时期余额宝的七日年化收益率1.4300%，而且也能设置自动定投功能，甚至可以按日定投。如果你继续查找，甚至还能找到当前七日年化收益率大于2%的货币基金产品。

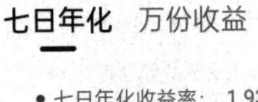

七日年化 万份收益

- 七日年化收益率：1.9399% (2024.08.15)

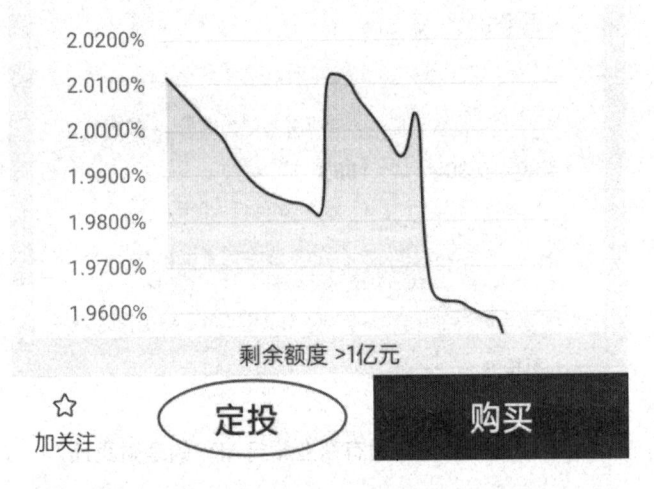

剩余额度 >1亿元

加关注　定投　购买

图2-13　某大型国有商业银行提供的货币基金产品

既然货币基金都是可以随时支取的，风险也都极低，银行的货币基金收益率又高于余额宝，我们是不是应该舍余额宝而取银行呢？不一定。因为比较货币基金的收益率是没有意义的。

首先，七日年化收益率是货币基金特有的指标，具有很大的波动性，它指的是货币基金过去七天每万份基金份额净收益折合成的年收益率，代表的是基金最近七日的平均收益水平，属于滚动数据。可能某只基金刚好最近的表现比较好，那么七日年化收益率就很高，但这并不代表它未来也会表现很好，买入之后业绩就下滑的情况并不少见。从图2-13的收益率曲线可以看出，七日年化收益率的波动性很大，是非常不稳定的。货币基金的投资方向基本相同，都是国债、央行票据、定期存单之类，没有哪只产品会长期跑赢同行平均水平。

其次，如果你追求收益率，就不应该考虑货币基金。货币基金的优势在于极低的风险和高流动性，它的收益率仅比银行存款略高一点。人们之所以投资货币基金，一方面是不想承担风险，另一方面是希望它可以像存款一样随时支取。所以货币基金才可以被视为现金的等价物，本质上与货币无异，并因此得名。如果你想追求更高收益，那就放弃货币基金吧，你应该去购买指数基金，不要花费时间在各类货币基金产品上货比三家。

总而言之，银行的产品更加丰富和多元化，你可以找到符合自己需要的那一类。但也正因为如此，选择起来更加困难。货币基金整体上是大同小异的，不要被七日年化收益率所欺骗。本书之所以用支付宝作为案例，是因为它几乎是人手必备的国民应用，讲解起来能尽可能照顾绝大多数读者，并不是因为笔者对它有什么偏好。至于你是喜欢在银行APP上还是在支付宝上定投，那就看个人喜好了。

年金险

前些日子，我的一个朋友给他刚出生的儿子买了这么一种保险产品：他需要按月给保险公司缴纳一定金额的保险金，等他儿子成年准备上大学的时候，就可以每年领钱了。"就当给我儿子存定期了。"朋友如是说。

其实这就是年金险。所谓年金，顾名思义，就是每年固定创造一笔现金流。大家熟悉的养老金也是一种年金险。在你年富力强的时候努力工作，并且把工作的一部分拿出来购买养老保险；等你60岁以后，就可以从这个池子里每年领取一笔固定的养老金了。前期你要定期往里投钱，后期能够每年从里面领钱，年金险也因此得名。

保险有许多条款和专业术语，这就造成了保险行业的信息不对称性，一小部分经纪人巧舌如簧，说得天花乱坠，好像保险产品什么都好。但很多人都是只挑好处说，或者用"春秋笔法"换着说，导致许多人买错了保险，也使得老百姓谈"险"色变。对于这些复杂的知识，你可以先不用深入了解，只需记住一个概念：内部收益率（internal rate of return, IRR）。一款保险产品的IRR就代表产品的年化复利。

年金险也是一种理财产品,如果你买了年金险,每年你能获得多少收益,IRR衡量的就是这个指标。

那么,年金险的IRR一般是多少呢?某知名保险公司在其官网上披露了数据(见表2-4)。

表2-4 某知名保险公司披露的年金险IRR

缴费时间	保证每月年金款项模式	年金款项开始年龄	期满时的保证IRR	期满时的总IRR
10年	固定模式	55岁	0.25% ~ 1.12%	2.29% ~ 3.12%
		60岁	0.82% ~ 1.44%	2.53% ~ 3.12%
		65岁	1.13% ~ 1.61%	2.66% ~ 3.12%
		70岁	1.32% ~ 1.71%	2.74% ~ 3.12%
	递增模式	55岁	0.27% ~ 1.13%	2.29% ~ 3.11%
		60岁	0.82% ~ 1.44%	2.52% ~ 3.11%
		65岁	1.14% ~ 1.61%	2.65% ~ 3.12%
		70岁	1.32% ~ 1.72%	2.75% ~ 3.13%

假设投保人是一名45岁的非吸烟男性,他投保了10年的年金险,并于55岁开始,每月领取年金款项。该公司还推出了两种模式,递增模式和固定模式。递增模式是该公司提供的增值服务,承诺每三年资产保底增值5%以对抗通胀,而固定模式则没有这种承诺。因此,递增模式的年化收益率会更

高一些。

令人意外的是，年金险的总IRR并不高，即使你采用递增模式，坚持领取年金到70岁，你的年化收益率也就是2.75%~3.13%，只能稍微跑赢通胀，甚至还可能跑不赢。如果你领取到60岁，你的总IRR最高是3.11%；如果你领取到70岁，你的总IRR最高是3.13%，也就多了0.02个百分点。因此我们可以推算，哪怕你持续领取到90岁，你的总IRR也就是3.17%而已，这个收益率甚至还不如银行提供的半年期封闭式固收产品。虽然该公司提供了保底收益率，但最高也只有1.32%~1.72%，远低于最近10年的平均通胀率。这不是特例，另一家保险公司也计算了它的年金险产品IRR，假设你从30岁开始缴纳保险金，60岁开始领取年金，一直领到90岁，你的IRR也就是3.67%。可见，年金险的收益率确实很低。而且，以上是保险公司自己披露的数据，毕竟"王婆卖瓜——自卖自夸"，保险公司只会把收益率尽可能往高算。为此，我咨询了一位保险经纪人朋友，他说这个IRR在保险行业确实算高的了，实际收益率可能更低。

除了极低的收益率，年金险的资金流动性也受到极大限制。你必须在接下来的10年内，每个月按时按量地支付保费，且不能提前支取。如果产品还在缴纳期，而你打算终止年金险，你还要为违约支付巨大代价，扣除违约金后，拿回来的钱根本弥补不了当初的投入。

年金险收益率低，又没有流动性，为什么还有人会去买呢？

答案在于安全性。年金险既然带了个"险"字，它就不是基金，而是保险产品。保险从来不是为了赚钱而存在的，它的意义在于保障安全。年金险保护的对象是财产，它能确保你在未来有一个确定的现金流，而你要为这个确定性支付成本。

首先，年金险保障了本金的安全性。我们知道，即使是银行存款都不可能保证100%安全，因为银行也有可能破产暴雷，你的存款也有可能灰飞烟灭。2023年3月10日，在遭遇挤兑之后，硅谷银行宣布倒闭，这是自2008年金融危机后第二大的银行倒闭案，同时也是美国史上第三大银行倒闭案。基金就更不用说了，净值波动是常态，浮亏也是家常便饭。但年金险就不一样了，无论发生什么事，保险公司都必须按照合同要求向你支付年金，这是受合同法保护的。如果保险公司破产了怎么办呢？根据《中华人民共和国保险法》规定，保险公司破产之后，保单和责任准备金必须转让给其他保险公司，如果没人愿意接管，中国银行保险监督管理委员会有权指定接管人。也就是说，如果银行破产，你的财产就没了；但是如果保险公司破产，你的财产依然有保障。

其次，年金险的收益率是有保障的。从发达国家的经验来看，利率下行是长期趋势，生息资产的收益率也将长期下行。但是，如果你购买年金险的话，你可以在合同中写明利率，这就把利率锁定住了。即使你30岁才签订保险合同，并一直领取年金到90岁，在这半个多世纪里，你都能按照合同的规定获取确定的收益率。虽然当下的实际利率可能持续下行，甚至像日本一样进入负利率时代，但这都不会对合同的规定造成影响。

最后，有的人之所以购买年金险，是因为他知道自己不懂理财，也没打算学习理财，索性就靠此类产品来逼迫自己强制储蓄。基金能不能赚钱，是不确定的，如果运气实在不好，定投了一辈子基金还亏钱的也大有人在，但年金险的现金流是确定的。

扣除了通货膨胀后，年金险的实际收益率几乎为零，甚至为负，但这是你为确定性支付的代价。世界上不可能有保本保息、收益率还很高的产品，否则会有大量资金涌进来购买这类产品，导致收益率下降。

问题是，你真的需要如此谨慎地保护自己的钱吗？

抛开概率谈风险，那就是在说正确的废话，因为任何风险都是有可能发生的。如果明天彗星撞地球了，你的存款也会灰飞烟灭。彗星是有一定的概率撞上地球的，但概率有多大呢？你真的要为"彗星撞地球"这类事件购买保险吗？而且年金险的价格并不低，目前年金险价格一般是5 000元或1万元起投，少数保险公司虽然推出了1 000元起投的产品，但已经少之又少了。付出这么多钱，锁定几十年的流动性，收益率还跑不赢通胀，为了所谓的绝对保障，你付出的机会成本也太大了！

总而言之，年金险的本质是一种保险，它真正做到了保本保收益，这是任何理财产品都做不到的，但这也意味着你要付出收益率和流动性的巨大牺牲，这是你为安全性支付的必要代价。那些极度厌恶风险者可以考虑购买年金险，但是对本书的读者而言，你未来有着无限可能，你可以适当承担风险，去换取一定的收益率和灵活性。所以年金险不在本书的讨论范围之内。

分红型保险

分红型保险（简称分红险）是指保险公司把你的钱拿去投资之后获得的收益，按照一定比例向保单持有人进行分配的人寿保险。除了具有基本保障功能，保险公司每年还根据分红险业务的实际经营状况，决定红利分配，即客户可以与公司一起分享公司的经营成果。

一般的寿险，只有你付钱给保险公司的份，金钱是净流出的；而分红险又能买保险，又能分钱，何乐而不为？

年金险的情况和逻辑也同样适用于分红险，分红险的IRR是不可能高的。笔者计算了国内某一款知名的分红险产品的IRR：假设你的孩子刚刚出生，现在是0岁，你给他购买了分红险，并连续缴纳5年保费。待孩子6岁开始，他就可以一直领取分红，一直领到85岁。但是，即使他领取了长达80年的分红，IRR也只有2.37%而已。看似每年都有钱赚，实际上还赶不上通胀的速度。因为分红险的前期投入金额太大，每年能领取的资金却不多，综合算下来是得不偿失的。

我们知道，保险经纪人作为卖方，他们给你计算的IRR一定是非常理想和乐观的，因为他们都是尽可能往高算的。那么，这些乐观的保险经纪人算出来的分红险IRR又有多少呢？

一家知名保险经纪机构在其官网上披露了一款分红险产品的计算过程，笔者可以直接告诉你答案：他们甚至假设，你能一直领钱到你100岁，在如此乐观的假设下，他们力推的这款产品，IRR还不到3.8%。假设通货膨胀率是每年3%，这意味着你折腾了一辈子的年金险，给你带来的实际收益率只有0.8%。

和年金险一样，分红险的本质是保险，而不是基金。它以保险为主、分红为辅，你购买保险的主要目的是保障确定性。分红险主要用于寿险之中。寿险就是，如果投保人遭遇不测，受益人将获取一笔赔偿。寿险的本意是为了保障家庭收入的确定性，既然如此，你需要为确定性支付溢价。世上没有两全其美的事情，保险公司既要为你保障安全，还要帮你赚钱，谁会愿意做此亏本生意？所谓的分红，无非是一个卖点罢了。

请注意，我没有否认保险的价值，如果你有余力，那么适当配置保险是很有必要的。给自己构建一个安全垫，没有了后顾之忧，就可以放手做其他事情。但你要清楚的是，保险本质上是一种消费品而不是投资品，你在花钱购买一项金融服务，即风险的转移。一旦风险发生，保险公司将为你承担后果，并支付给你赔偿金；而你花钱消灾，把风险转移给了保险公司。如果你一辈子顺风顺水、平平安安，这笔保险金也是应该支付的，毕竟谁能确保风险一定不会发生呢？风险是一种可能性，你为这种可能性花钱买单，但可能性不代表必然性。为了确保自己的绝对安全，你需要为此花钱。

所以，如果要买保险，请把保险当成一种纯粹的消费品来对待，你应该配置不分红的寿险产品，此类产品的费率比分红险更低，代表了你为消除风险而支付的真实价格。至于赚钱，还是老老实实买基金吧。

本书定位的读者是非金融行业的年轻人群，抗风险能力强。对于读者们来说，不必过分小心翼翼，可以适当承担风险来换取一定的收益，保险不在本书的体系框架内。因此，我们对保险的讨论到此为止。

第三章 开源：让存起来的金钱增值

第一节 钱可以往何处去

你能投资哪些品种

把钱省下来是第一步，但这并不够，因为通胀会持续侵蚀你的存款购买力。即使购买余额宝这样的货币基金产品，充其量也只能勉强覆盖通胀率而已。如果你不满足于此，希望闲置资金能产生更多收益，那么你就必须寻求货币基金以外的投资品种了。

本章讲的是怎么"开源"，也就是存下来的钱要"投往何处去"的问题，并进一步细分为"投什么"和"怎么投"

（见图3-1）。

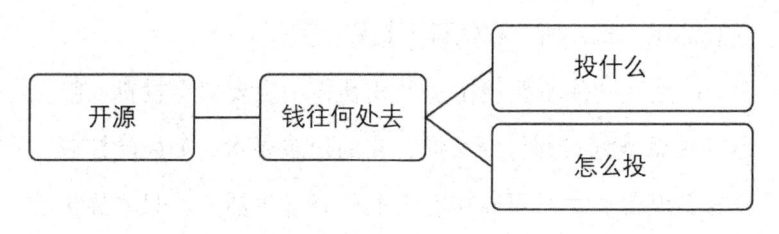

```
开源 —— 钱往何处去 —— 投什么
                         怎么投
```

图3-1　投资的基本思路

接下来我们会经常提到"投资"这个词。说起投资，很多人会把它和高收益、高风险联系起来。投资是一个广义的概念，只要你把钱用于购买某类资产，并寻求保值、增值的目的，你就是在投资。理财就是一种低风险的投资行为，你把钱存在余额宝里，本质上是在投资货币基金，余额宝背后有一家基金公司，他们拿到你的钱后，再用于购买国债、央行票据、银行定期存单、短期政府债券等流动性高、风险低的品种，这些投资收益就成了余额宝给你的利息。因为货币基金的风险低，流动性高，使用体验和现金没多大差别，所以很多人没有意识到，他们已经在参与投资活动了。虽然货币基金的风险极低，但这并不意味着它是绝对无风险的，只是和每天剧烈波动的股票相比确实安全多了。当然，低风险的代价就是低收益率，指望通过余额宝来赚到大钱是不可能的。同样，把钱存在银行里也属于广义上的投资行为，因为银行会支付给你利息，只是银行存款的收益率更低，可能连通胀都跑不赢，所以存银行不是好投资。

虽然我劝你不要炒股，但我劝你一定要学会投资。投资是一种思维方式和行为习惯，它的很多要素，如风险控制、杠铃策略等，甚至可以用在人们的日常生活中。只要你生活在商业社会里，只要你和钱打交道，就免不了要投资。

投资的第一个问题是"投什么"，也就是弄清楚有哪些投资品种，以及适合自己的品种是什么。

根据相关法律法规的要求，不同的投资品种要分为不同的风险等级，从低到高分别是R1~R5级（R即risk，风险）。当你要去购买理财产品时，就要接受投资者风险承受能力测试，且只能购买对应风险的理财产品。比如测试结果显示，你是一个稳健型的投资人，那么固定收益类理财产品、地方政府债等就是适合你的品种；至于股票基金、期货、期权等高风险产品，就和你的风险承受能力不匹配。

投资风险等级的划分标准如下：

1. R1级（谨慎型）：极低风险，收益大概率保本

R1级的投资产品具有最低的风险，适合谨慎、极度厌恶风险的投资者，部分产品甚至有保本保收益条款。常见的有银行定期存款、国债、大额存单、结构性存款、年金险、货

币基金等。可以看出，余额宝这样的全民理财型产品就属于R1级。你在开通余额宝的时候，甚至不需要接受风险承受能力测试，因为它的风险极低，适合绝大多数人。不过要注意的是，只要是投资就是有风险，极低风险不等同于零风险，即使是余额宝，也有亏损的可能性。

2. R2级（稳健型）：低风险，收益不保本

比R1级的风险稍高的是R2级的投资品种，如大部分银行理财产品、固定收益类理财产品、地方政府债等。此类产品不再承诺保本保收益，但整体风险可控，亏损的可能性依然很小。以债券为例，国债由中央政府发行，以国家信誉担保，10年期国债收益率甚至被视为无风险的基准利率，它的风险自然是R1级。相比中央政府，地方政府的财务稳健性就更低一些，但地方政府的信用又高于企业，所以地方政府债可视为R2级的投资品种。如果你觉得国债收益率太低，又不想承担高风险，就可以考虑地方政府债。

3. R3级（平衡型）：中等风险，收益存在波动性

对风险有一定承受能力，偏好稍高的收益率，但缺乏专业投资技能和经验的投资者，适合选择R3级的产品，如债券基金、信托、企业债（发行人主要是国有企业、中央政府部门所属机构）和公司债（发行人主要是上市公司和部分有实力的有限责任公司）。企业存在破产、违约、拖欠债务的可

能，要购买此类债券，就需要一定的专业知识了。但也正因为如此，此类债券才需要提供更高的收益率来吸引投资者。

4. R4级（进取型）：高风险，收益波动大

此类产品会在R3级的基础上，适当配置股票、贵金属等高波动性的品种，本金亏损的风险会增加，收益的波动性也更大。我们常常听到的指数基金就属于这个类别。指数基金就是买入一篮子的指数成分股的组合，通过大量的分散性来规避个股的非系统性风险，同时又能享受股票市场整体的高收益。但是，股票指数也不是永远一路向上的，它的波动率整体上高于其他品种，会遭遇突发利空消息的影响。在遭遇熊市的时候，大盘行情持续下跌，指数基金也会持续亏损。但是从长期来看，指数基金的收益率是令人满意的。如果你掌握了正确的投资方法，就足以赚取巨大的收益，甚至实现财富自由。当然，指数基金的收益率是不如R5级的个股和期货的，要凭它实现财富自由，你依然需要10年以上的耐心。

5. R5级（激进型）：极高风险，极高收益

这是风险最高的投资品种，比如股票、期货、期权和其他衍生品等，人性的贪婪与恐惧在其中体现得淋漓尽致，是少数人的游戏。你能听到很多通过期货投资，短短几年实现财富自由的神话，但更多的是爆仓、穿仓，甚至一夜返贫的故事。我劝你不要炒股，本质上是劝你远离R5级的投资品

种，除非你已经具备了足够丰富的知识和经验，也做好了承担高风险的心理准备。

具体的理财产品划分为哪个风险等级，不同机构有不同的界定方法。衡量投资品种的维度无非是收益率和风险，投资高手优先考虑的因素是风险，而不是收益率，即使是R5级的玩家，也是在风险可控的前提下进行交易。"活着"才是资本市场的第一要义，至于能赚多少钱，得看市场的心情和脾气。因此，用投资风险等级来划分投资品种是最科学的方法，每个人要根据自己的实际情况进行选择，并永远把风险放在第一位。

那么，怎么知道自己适合哪个风险等级呢？你可以自行搜索"投资者风险承受能力测试"，网上有很多这方面的测试题。当你去券商开户时，或者首次购买支付宝内的基金产品时，也会被强制要求参与这样的测试。测试结果分为C1~C5五个等级（C即customer，客户），C1的客户适合R1级的产品，以此类推。

年轻人应该如何选择

这本书针对的是非金融行业的年轻读者。年轻人正处于事业上升期，未来有着无限可能，抗风险能力强，所以R1、R2级的风险等级对你而言过于保守了。但是，你并非金融从业者，缺乏这方面的知识和经验，因此，R5级的风险等级也不适合你。

所以，本书的读者最适合的风险等级应该是R3级和R4级，大致包括债券基金、股票指数基金（股指基金），以及包括黄金在内以避险为目的的贵金属等（见图3-2）。接下来的内容会围绕这三类品种展开。

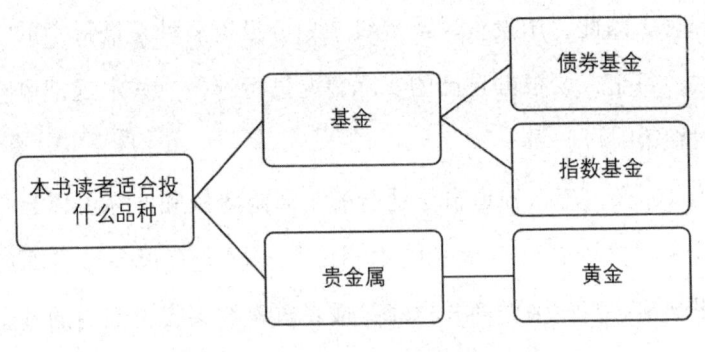

```
                            ┌── 债券基金
              ┌── 基金 ──┤
本书读者适合投 ──┤           └── 指数基金
什么品种        │
              └── 贵金属 ──── 黄金
```

图3-2　本书读者适合投什么品种

"基金"一词频繁出现在本章中，那么，什么是基金呢？

所谓的基金，就是把社会闲散资金聚合起来，集中投资、风险共担的投资方式。假设我成立了一只基金，我就可以向身边的合格投资者募资。他们把暂时不用的钱交给我保管，我会把这些钱放到同一只基金里来统一管理。对于我

（基金经理）来说，我只需操作一个账户，就能为数名投资者管理基金，这就是所谓的集中投资、风险共担。对于投资者们来说，我的基金是一个黑盒子，他们只管把钱拿给我，至于这个黑盒子是如何运作的，他们不需要知道，也无权干涉，只管每年分红即可。如果投资者觉得我管理得不好，他们可以把基金的份额赎回去换成钱，或者去购买我的竞争对手的基金。

我作为基金经理，募集到了钱，就要考虑钱的投向。如果我投资债券的比例在80%以上，那么我所管理的就是一只债券基金。同理，如果股票占比在80%以上，那么这就是一只股票基金。介于这两者之间的，就是混合型基金。

所以，当你购买了债券基金时，相当于购买了一篮子的债券，只是这个篮子里面到底是哪些债券，企业债、公司债、国债、地方政府债又分别占比多少，那就是基金经理的事情了。因为做了分散化配置，这一篮子的债券表现会比单只债券的表现平滑很多，可能某只企业债的价格下跌了，但地方政府债的价格上涨了，两者相互抵消，篮子的价格波动性就小。但是，如果债券的整体行情不景气，这一篮子的债券就都会下跌。

同样，当你买进一只股票基金，就相当于买入了一篮子的股票，至于这个篮子里面到底放了哪些股票，各自的仓位占比是多少,你无须关心,因为这是基金经理的工作。

但是基金经理的性格各有不同,有的很进取,有的很"佛系"。所以同样类型的基金,表现是不一样的,因为每个篮子里装着不同的东西。

进取型的基金经理希望发挥自己的聪明才智,为客户精心挑选股票,他的目标是挑出一篮子的牛股,让这个篮子的表现跑赢大盘指数——股市的平均水平。这就是主动型基金。这些基金经理个个都想拿优秀,就像上学时你班上的学霸们,个个铆足了劲儿想冲进年级前十名。

但是,有的基金经理不一样,他们认为,能赶上大盘指数的表现就行了。所以,他们给你的这一篮子的股票,完全复制了大盘指数的成分股。大盘指数是由哪些股票组成的,各自的权重是多少,这些基金经理就照抄。所以他们所管理的基金,就跟着指数同涨同跌,完全没有超额收益。这就是被动型基金,也就是我们经常听到的指数基金。这些基金经理追求的是"及格就好",他们对于年级前十名没有兴趣。

指数基金也有很多种类型,取决于你复制的对象。你可以完全复制某一个大盘指数,如沪深300、上证50等。你也可以复制某一个行业的指数,如创新药行业指数、光伏行业指数等。我们经常听到的ETF,指的是"交易型开放式指数基金"(exchange traded fund),又称"交易所交易基金"，你只需知道ETF是可以在APP上方便买卖的指数基金即可。若无特殊说明，本书所提及的指数基金指的就是ETF。

那么问题来了：指数基金、债券基金、黄金，你分别要配置多少？答案因人而异，取决于你的风险偏好、收益率目标和流动性偏好。但是，这三个因素是不可能同时满足的，需要做出取舍，这就是"投资的不可能三角"（见图3-3）。

图3-3 投资的不可能三角

如果一个投资机会能合法又稳当地赚取高收益，那么它的流动性肯定不好。1965—2021年，巴菲特旗下的伯克希尔·哈撒韦公司年化收益率高达20.1%，远远跑赢大盘指数。最难能可贵的是，巴菲特的业绩已经连续保持半个世纪了，他的价值投资策略也为世人所知。价值投资的一个基本要求就是要长期持有,巴菲特自己也说过:"如果你不想持有一只股票10年,那就不要持有10分钟。"

我身边有很多股民都在学巴菲特,但都学不来,最大的原因在于,极少有人愿意长期持有一只股票长达10年。一旦你不肯牺牲流动性,就无法获得安全、稳定、高收益的回报。你认为某只股票的价格足够低了,但是你依然需要足够的耐心等待价值回归。因为市场不可能在你买入之后就上涨,你可能需要等待数年的时间,但是大多数股民甚至连数天时间都不愿意等。有的人虽然有耐心,但是普通人总有急需花钱的时候,为了补贴家用,他们不得不把持有数年但还在浮亏的股票卖掉换钱。巴菲特旗下的保险业务能给他提供源源不断的现金流,当他需要钱时,总有子弹可打,而无须抛售股票,这是巴菲特能做好价值投资的一个重要原因。

如果一项投资的收益率高,又能随时支取,那么它必然伴随着高风险。短线交易确实有极高的收益率,如果抓到几个涨停板,很快就能让资金翻倍,而且资金快进快出,不需要拿住好几年。但这么做的代价是极高的风险,无数人在暴富的梦想中倾家荡产。因此投资界有句话:"一年三倍容易,三年一倍难。"忽视风险会让你付出巨大代价。

如果一项投资风险很低,又可以随时支取,那么它的收益率一定很低。典型的例子就是余额宝。

指数基金、债券基金和黄金，也受"不可能三角"所限。

债券基金和黄金的共同点是重在安全性。一家公司可能破产、退市，股票可能变成废纸，但债券到期之后是要还本付息的。中央政府、地方政府、大型国企和上市公司等主体，由于具有较高的信用，为了能持续地筹措资金，这些主体在债券到期时会尽可能兑现承诺。黄金虽然波动性大，受地缘政治和突发消息影响较大，但黄金是天然的货币，如果法定货币的信用在一夜之间坍塌，黄金将是最后的避难所。股票和债券都有可能变成废纸，但黄金不会。只要商业社会存在，黄金就有价值。

债券和股票一样，受经济基本面的影响，尤其是企业债和公司债，一旦企业经营不善，违约将是大概率事件，两者看似正相关，其实不然。实际上，投资者把债券视为股票的替代品，当股票处于熊市之中，赚钱效应很差时，投资者们会超配债券，反之亦然。因此同时配置股票基金与债券基金，具有对冲风险的效果。

相比债券基金和黄金，指数基金重在收益率。如果经济形势向好，股票大盘走出向上趋势，你也能跟着享受到经济增长的红利。但是，如果股市陷入漫长的熊市，你会非常难受，所以我们也不能把所有资金都用于购买指数基金。债券基金和黄金则侧重于安全性和流动性，从而成为指数基金的补充。如果你愿意长期持有，全部牺牲流动性，你也能在所有品种上赚取持续、稳定、合理的回报。

万物皆周期

这时候肯定有人纳闷了，既然债券和股票是互补的，配置股票和债券基金就行了，为什么还要加上黄金？这主要是为了覆盖整个经济周期，从而实现风险的全方位对冲，避免在某类资产上配置过重，在经济周期的特定阶段感到难受。

万物皆周期，没有谁能逃离这个轮回。

每个人的一生都身处一个长约60年的长周期之内，也就是所谓的康波周期，任何周期都会经历复苏、过热、滞胀、衰退四个阶段。你现在正值壮年，正想大干一场，但大环境（康波周期）是否配合，是"时来天地皆同力"（复苏期、过热期），还是"运去英雄不自由"（滞胀期、衰退期），这是由我们出生的时代决定的，你无法选择。在这一个甲子的长周期内，又伴随着若干个为期10年的中周期（产能周期）和为期4年的短周期（库存周期）。所以，即使一个长期向上的好时代，也不是一帆风顺的，总有几年好光景，也总有几年不好赚钱的时候。总之，人生就是一个坑坑洼洼、跌跌撞撞的螺旋式向上发展的过程。

幸运的是，机会无处不在，即使时运不济，英雄也能扼住命运的喉咙。"美林时钟"由美国著名投资银行美林公司首创，是一个实用的大类资产配置工具。它告诉我们，经济周期的不同阶段都有不同的机会，不是只有在经济周期向上的时候你才能赚钱，即使在衰退期，也有表现好的品种，比如债券（见图3-4）。

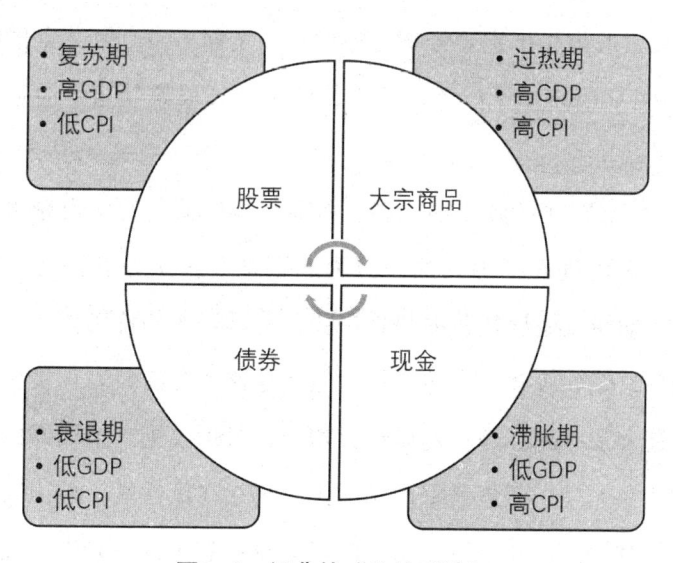

```
复苏期          过热期
高GDP           高GDP
低CPI           高CPI

    股票    大宗商品

    债券    现金

衰退期          滞胀期
低GDP           低GDP
低CPI           高CPI
```

图3-4　经典的"美林时钟"

复苏期是经济周期的起点。假设某个国家刚刚经历了一波衰退，政府"放水"注入流动性，经济开始复苏起来。

因为该国刚刚经历了衰退期的通货紧缩（简称"通缩"），和通胀相反，通缩表现为物价下降，现有的物价处于较低水平，这就给宽松的货币政策带来了空间。即使物价因为流动性宽松而有所抬升，也不会对老百姓的生活造成太大影响。因为货币宽松了，老百姓有钱了，开始增加消费了；企业也开始有钱了，生意开始好转了。可以预见到，这个季度各大上市公司的财报会非常好看。因为股市是宏观经济的晴雨表，股市先于宏观经济走出低谷，走向牛市。复苏期的特征是GDP增速提高，CPI处于较低水平，股票是这个时期的明星。

随着经济持续发展，各行各业欣欣向荣，物价也越涨越高，经济进入了过热期。因为老百姓对未来充满信心，加上流动性宽松导致遍地都是热钱，各类资产的价格会被陆续抬高，例如股票、房地产等。但是在这一时期，表现最好的还是大宗商品。经济建设热火朝天，对螺纹钢、金属铜的需求就会上升。但是大宗商品的供给是存在刚性的，矿山需要一段时间勘探和开发，工厂的机器设备有限，一时半会儿无法扩大产能，严重的供不应求就会导致钢价、铜价水涨船高。但是大宗商品毕竟是高风险品种，不同品种的投资逻辑不同，研究起来比股票还难，这是投机行家的领域，读者们千万不要轻易尝试。所以，我们就锚定大宗商品中相对保值的贵金属品种，尤其是黄金。虽然黄金不仅有传统大宗商品的属性，还有货币和金融属性，受美联储政策、地缘政治事件影响较大；但整体上看，黄金作为避险品种，比其他大宗商品更稳健一些，也受益于经济过热期的通胀逻辑。

有人会问：既然过热期资产价格普遍上涨，为什么不继续持有股票呢？因为过热期的特征是CPI也涨至高位，企业成本上升，利润受到侵蚀，消费者的购买力也因过高的物价受到抑制，生意开始不好做了，部分公司因为利润下滑导致股价下跌。所以在这一时期，股票的整体表现并不如大宗商品。

也正因为如此，上涨的物价开始对经济产生了反效果。此时，央行开始加息，收回流动性，从而平抑过热的经济。因为物价高，消费者不想买东西，企业就没有生意，同时，物价推高了企业的成本，导致盈利下滑。经济确实变差了，GDP增速开始下滑，但货币政策的传导有滞后性，CPI依然保持在高位。经济增长停滞，还附带通货膨胀，这就是滞胀期，是周期中让人最难受的阶段。这个时候没有任何资产的表现是好的，最好的状态是持币观望。

随着政策开始发挥作用，物价开始下降，经济也降温了。生产不再热火朝天，物价也掉到较低水平，经济缺乏活力。一方面，由于企业盈利预期差，资金不用于配置股票，从而利好债券；另一方面，由于通胀已经控制下来，老百姓期盼着新一轮的降息以刺激经济。而债券收益率和价格是成反比的，既然利息会下降，债券价格就会上涨，这都使得债券成为当期的热门品种。

这就是为什么我们应该涵盖股票、债券、大宗商品三大品种，加上你本已拥有的现金，这就涵盖了经济周期不同阶段的不同明星资产，就更有利于平复周期波动。专业的对冲基金经理会提前预判经济周期，在时点来临时配置不同的品种以获取最大收益。但我们的目的只是理财，既然你无法看透经济周期，做不到精准择，那就各类品种都配一点儿。

【练习】

请继续填写。

我在网上自行搜索并完成了"投资者风险承受能力测试"，我的类型是（单选）：

□C1. 我现在要做的是，合上这本书，老老实实把钱存进小荷包。

□其他。我可以尝试收益率更高的投资方式，继续往下读。

第二节 如何投资指数基金?

基金如何分类

市面上有形形色色的基金,以配置比例是否超过80%为限,可分为股票基金、债券基金和混合型基金。以基金经理的理念不同,可分为主动型基金和被动型基金。

我们可以根据这两个维度,对基金做一个分类(见图3-5)。对于股票基金而言,我们应该选择被动型基金,也就是股票指数基金(股指)。

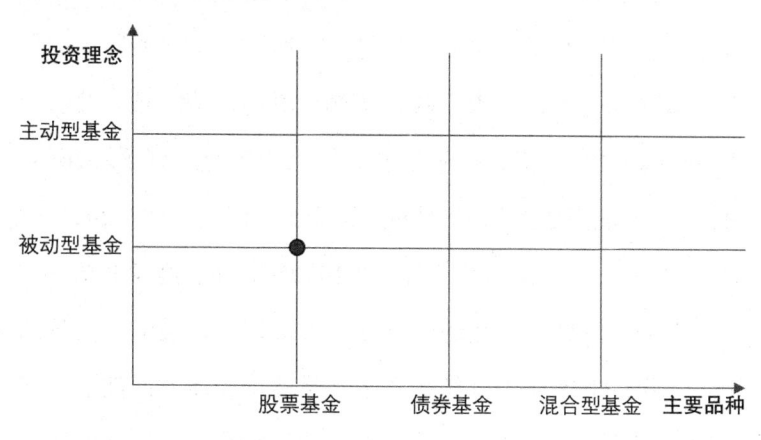

图3-5 基金双维度分类图

所谓指数，是指按照某种规则挑选出一批股票，通过某种算法，将这些股票的价格换算成某个数字，以此来反映股市的走势。假设你是一所学校的校长，你想了解学生们的学习成绩情况，你就可以从每个班里选出10个具有代表性的学生，根据样本计算出每个班的平均成绩，这个平均成绩就可以作为一个指数来反映班级的教学水平。样本学生的平均成绩时涨时跌，也就反映了各班教学水平的时好时坏。你还可以编制不同的指数，比如以全班所有人的平均成绩为样本，或者以各班的男生成绩为样本，甚至可以编制一个全校的成绩指数。

股票指数也一样。比如，上证综合指数（简称"上证指数"）就是把整个上海证券交易所（简称"上交所"）的股票市值加总起来，用来反映整个交易所的市值总额。交易所把1990年12月19日那天的市值指数定为100点，到了2020年3月5日，上证指数涨到了3 000点，那么可以说，截至2020年3月5日，上交所股票的总市值，和1990年相比，涨了30倍。

股市行情具有很强的同步性，股民们平时说的"大盘涨了"，指的其实是上证综指涨了。虽然上交所和深圳证券交易所（简称"深交所"）是两个不同的交易所，但股民们一听到上证综指涨了，也能判断深证成指、沪深300等其他指数大概率都在上涨。

指数基金是一种被动型基金，它的目的是复制指数的表现。比如，上证50指数是用上交所规模最大的50只股票作为样本股的，上证50指数基金也挑选这50只股票来构建投资组合，各只股票的比重也和指数一样。这样的话，这只基金的表现就能和上证50指数的表现保持一致了。

被动型基金还可以继续分为宽基指数基金和行业指数基金。宽基指数基金，顾名思义，就是其成分股的选样空间较"宽"，不限于特定行业或投资主题。股票大盘指数基金就是宽基指数基金。与之相对应的是针对某些行业、主题、板块的指数基金，如创新药行业指数基金、人工智能行业指数基金等。当行业处于高景气周期时，行业指数基金能获得更高的收益，相应地，其风险和波动率较宽基指数基金更大。有些行业的集中度很高，行业指数表现和龙头股表现高度相关，所以如果你买了某些行业的ETF，跟买入行业龙头股票组合无异。对于理财人员来说，宽基指数基金的波动性更小些，风险更低。因此如果没有特别说明，本书所指的指数基金，默认为宽基指数基金（见图3-6）。

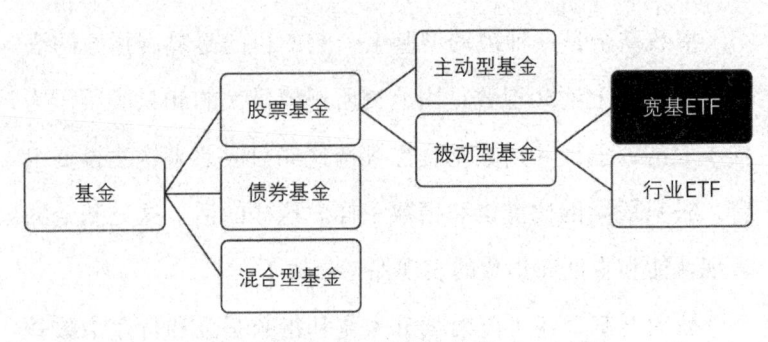

```
基金 ─┬─ 股票基金 ─┬─ 主动型基金
      │            └─ 被动型基金 ─┬─ 宽基ETF
      ├─ 债券基金                  └─ 行业ETF
      └─ 混合型基金
```

图3-6 基金的分类

股票指数多种多样,但常见的无非以下几种,如表3-1所示。

表3-1 常见的股票指数

指数名称	所属市场	成分股	代表对象	加权方法
上证50	上交所	规模最大、实力最强的50只股票	上交所大盘股	市值加权
沪深300	上交所、深交所	两个交易所规模最大的300只股票	A股整体情况	
中证100		两个交易所规模最大的100只股票	A股大盘股	
中证500		两个交易所500家中型企业的股票	A股中盘股	
中证1000		两个交易所1 000家小型企业的股票	A股小盘股	

续表

指数名称	所属市场	成分股	代表对象	加权方法
上证红利	上交所	上交所股息率最高的50只股票	上交所分红股	红利加权
深证红利	深市	上交所股息率最高的40只股票	深交所分红股	
中证红利	上交所、深交所	两个交易所股息率最高的100只股票	A股分红股	
恒生指数	中国香港	港股最大的82只股票	港股整体情况	市值加权
H股指数		40家在中国内地经营的港股	中国内地公司	
纳斯达克100	纳斯达克	纳斯达克最大的100家公司股票	纳指代表性公司	
纳斯达克综合		纳斯达克所有股票	纳指整体情况	
标普500	全美市场	全美500只大盘股	美股整体情况	
道琼斯		全美30只知名蓝筹股	美股大盘股	价格加权

上证50指数由上交所中挑选出的规模最大、实力最强的50只股票组成，这些股票都是上交所的大盘股，市值从300

亿元到上万亿元不等，都是关系国计民生的大公司。

但是，上证50指数的成分股数量比较少，而且也没有包含深交所的股票。于是，人们就开发了沪深300指数，该指数同时包含了沪深两市市值最大的300只股票，总市值占到国内股市全部市值的60%以上。因为同时兼顾了两家交易所，沪深300也被认为是国内最具代表性的指数。

中证100指数挑选了沪深两市规模最大的100只股票，因此，它比沪深300指数更能够反映大盘股的表现，也比上证50指数全面。

以上指数的成分股都是大公司，而中证500指数则选取了沪深两市500家中型企业作为参考。所以，中证500指数是反映中盘股的最佳选择。

同样，小公司也有自己的指数。中证1000指数在剔除了沪深300和中证500中的大中型成分股后，选取剩下的规模最大的1 000只小盘股组成。对小公司感兴趣的投资者，可以选择这个指数的基金。

以上指数都有一个共同特点，就是股票市值越大，在指数中的占比就越高。但人们发现，那些会赚钱的公司往往是分红最多的公司，而不是市值最大的公司。因此用分红而不是市值作为权重，更能反映指数的赚钱能力。所以人们又发明了红利加权指数，谁的分红多，谁的权重大，即使这只股票的市值并不大。较有代表性的指数包括选取了上交所股息率最高的50只股票作为成分股的上证红利指数，选取了深交所股息率最高的40只股票作为成分股的深证红利指数，以及综合参考沪深两市100只股息率最高的股票作为成分的中证红利指数。

以上指数都是中国内地的股票市场指数。随着中国金融市场的不断开放，境外的金融市场，尤其是中国香港和美国的股市，也是不可忽视的机会。

中国香港方面，香港交易所的恒生指数由港交所中规模最大的82家企业组成。另外还有H股指数，选取的是40家在中国内地经营，但是在香港上市的公司。

美国方面，比较重要的是纳斯达克100指数，它选取了纳斯达克市值最大的100家企业作为成分股，包括著名的微软、谷歌、亚马逊等企业。纳斯达克综合指数的成分股则包括了绝大部分于纳斯达克上市的股票，总数超过3 000只。另一个比较重要的是标普500指数，它是美国传统经济的代表，以500只大盘股作为成分股。此外，还有道琼斯工业指数（简称"道指"），它追踪着美国30家最具规模及影响力的企业股票，反映了美股约1/4的价值。虽然名称带有"工业"两字，但和工业无关，IBM、麦当劳、微软、苹果等非工业企业也是道指的成分股。

以上是主要股市中常见的宽基指数。此外还有专门的行业指数，通过选取某个行业内主要的公司来反映某个行业的情况。

本书只讲理财，以谨慎为原则，接下来讲到的股指基金，都默认为宽基ETF。当然，你也可以根据自己的实际情况进行调整，比如你很了解自己所在的行业，熟悉行业周期，也可以适当配置行业ETF。行业ETF风险更高，需要更复杂的配置策略，这一点我们将在第四章中探讨。但不管怎么做，一定要具备风险意识，宁可不赚，也不能亏。你所配置的仓位比例，也要以自己舒服的比例为宜。

为什么我们要以配置指数基金为主

如果要在股指、债券、黄金三类资产中进行配置，哪一类资产要配置最多仓位呢？答案是股指ETF。

人类社会的发展一定是一个曲折向上的过程，人类从茹毛饮血到现在走向太空，整体在向前发展，但不是一帆风顺的。多样化地配置在股指、债券、黄金上，只是为了平抑中间的曲折和波动。但是，这些品种的表现，从长期来看有很大差异。

沃顿商学院的西格尔教授统计了美国1890—2020年各类资产的收益率，发现股票的累计收益一骑绝尘，跑赢其他各类资产。美国股票的平均收益率是9.5%（年化值，下同），远高于10年期国债收益率（4.7%），以及黄金收益率（3.5%）。当然幸运的是，无论收益率多少，它们都跑赢了美国的房价增长（3.2%）和通货膨胀（2.6%）。如果有人在1890年投资1美元于标普500ETF，那么到了2000年，他将拥有3.88万美元的收益；而到了2020年，这笔钱还将增加至12.8万美元。

你可能会对我的说法嗤之以鼻："美国有特殊性，不能简单地用美股来类比A股。"这话说得没错，但我还是要说说以下三个看法。

首先，A股指数基金的年化收益率其实并不低。我在Wind数据库上调取了2013年5月1日—2022年5月1日各主要指数基金的数据，发现大多数基金的区间年化收益率都在10%以上，其中最低的是易方达的沪深300ETF，区间年化收益率也有7.77%（见图3-7）。上证综指在1990—2020年的这30年里翻了30倍，其实也反映了这30年来中国经济的迅猛发展。虽然大盘从2022年起开始回调，但是，如果你相信这只是正常的周期现象，相信中国经济还会长期继续发展下去，那么现在买入指数基金也不算晚。股价涨跌本是常态，但是股票背后所代表的公司却是稳定的、真实的，它们都是各行各业的龙头公司。这些公司通过苦心经营，赚取利润，为股东创造价值，这些都将使你通过长期投资得到利益。

排名	基金代码	基金名称	区间收益率	区间收益率(年化)	Sharpe(年化)	区间最大回撤	年化波动率	基金总规模(亿元)
58	510310.OF	易方达沪深300ETF	96.17%	7.77%	0.38	-46.01%	21.26%	99.34
		简单基金(123)	104.58%	8.02%	0.38	-49.59%	22.50%	29.53
		中位数	93.79%	7.02%	0.38	-46.43%	21.78%	2.97
1	510630.OF	华夏上证主要消费ETF	373.70%	18.65%	0.79	-44.14%	23.94%	3.30
2	510150.OF	招商上证消费80ETF	190.17%	12.94%	0.59	-46.46%	22.39%	7.14
3	159908.OF	博时创业板ETF	190.08%	12.93%	0.56	-40.84%	24.09%	8.89
4	159918.OF	建信深证基本面60ETF	186.58%	12.03%	0.52	-38.80%	22.42%	4.09
5	530015.OF	建信深证基本面60ETF联接A	183.99%	12.28%	0.58	-37.77%	21.18%	21.47
6	217017.OF	招商上证消费80ETF联接A	177.51%	12.00%	0.57	-45.31%	21.57%	2.42
7		工银深证红利ETF	177.50%	12.00%	0.53	-41.54%	24.21%	28.60
8	050021.OF	博时创业板ETF联接A	176.94%	11.97%	0.54	-36.83%	22.86%	6.65
9	090010.OF	大成中证红利A	175.04%	11.90%	0.58	-46.00%	23.90%	34.51
10	320010.OF	诺安中证100A	168.08%	11.57%	0.56	-43.14%	20.95%	2.29
11	217027.OF	招商中证红利50A	163.87%	11.37%	0.58	-41.23%	24.07%	5.93
12	481012.OF	工银瑞信中证ETF联接A	163.80%	11.37%	0.52	-40.30%	22.88%	15.82
13	510090.OF	建信上证社会责任ETF	163.55%	11.35%	0.53	-44.23%	21.83%	0.74
14	410008.OF	华富中证100	163.29%	11.35%	0.55	-42.14%	20.90%	1.73
15	159910.OF	嘉实深证基本面120ETF	161.49%	11.29%	0.52	-40.25%	22.31%	4.06
16	165511.OF	中银中证500A	160.95%	11.23%	0.50	-36.85%	23.91%	2.33
17	165312.OF	建信沪深红利	160.25%	11.20%	0.57	-38.74%	19.90%	3.56
18	161907.OF	万家中证红利联接	158.89%	11.14%	0.52	-46.84%	21.01%	1.34
19	510030.OF	华宝上证180价值ETF	154.04%	10.91%	0.52	-39.51%	21.58%	1.30
20	159915.OF	易方达创业板ETF	153.31%	10.87%	0.43	-49.67%	29.82%	170.74

图3-7 2013年5月1日—2022年5月1日各主要指数基金对比

其次，我不否认美国股市的特殊性，但你也要明白，金钱是流动的，随着QDII基金的发展，中国人也可以方便地投资海外ETF。如果你想定投美国的标普500ETF，完全有丰富的工具可以使用。除此之外，你还可以投资东南亚、日本、欧洲的市场。在本章的第四节，我会着重讲解如何购买海外基金，帮助你实现全球资产配置，最大限度地对冲经济周期带来的风险。

最后，无论在哪一个国家，指数基金都是最好的投资品种之一。因为指数是一个国家的上市公司组合，因此，它是足够分散化的，相比单只股票而言更能够抵抗风险。比如，上证50指数是由上交所市值最大的50家公司组成的，如果其中一家公司业绩不行了，掉到了市值前50名之外，那么，指数的编制部门就会相应地做出调整，把它从成分股里剔除，加入新的成分股。只要经济体还在，股票指数就存在，但是单只股票就不一定了，公司可能倒闭、退市，这会让投资者血本无归。所以问题不在于要不要投资ETF，而是投资哪个市场，以及怎么投资。

既然指数基金能做到10%以上的年化收益率，那么我们为什么不投资主动型基金，以求跑赢大盘？如果买了某个厉害的基金经理的产品，做到年化15%甚至20%以上，岂不更美？

你还是老老实实地投资ETF为好，因为那些专业知识和经验都非常丰富的主动型基金经理，长期业绩居然还跑不赢大盘，正所谓"一顿操作猛如虎，超额收益还是负"。既然如此，何不坐在船上，让大盘的河流带你到该去的地方呢？与其辛辛苦苦追求超额收益，不如轻轻松松赚取合理的平均收益。

在伯克希尔·哈撒韦公司2005年的年报上，巴菲特声称："从整体来看，由专业人员进行的主动投资管理，在多年的时间内表现会落后于选择被动投资的业余人员。"为了证明主动型基金的长期表现不如指数基金，巴菲特拿出50万美元作为赌注。2007年，Protégé Partner基金的联合管理人Ted Seides接受了挑战，主动型基金与被动型基金的10年之战正式打响。

转眼到了2016年，巴菲特在致股东信中披露了前9年的结果（见图3-8），指数基金的年均增长率为7.1%，而

Ted Seides选择的主动型基金组合，年均增长率只有2.2%。2008—2016年，标普500ETF总共创造了85.4%的收益，而Ted Seides选择的5只主动型基金中，总收益最高的也只有62.8%，最差的甚至低至2.9%，远远不如指数基金的表现。

年份	FOF A	FOF B	FOF C	FOF D	FOF E	标普指数基金
2008	-16.5%	-22.3%	-21.3%	-29.3%	-30.1%	-37.0%
2009	11.3%	14.5%	21.4%	16.5%	16.8%	26.6%
2010	5.9%	6.8%	13.3%	4.9%	11.9%	15.1%
2011	-6.3%	-1.3%	5.9%	-6.3%	-2.8%	2.1%
2012	3.4%	9.6%	5.7%	6.2%	9.1%	16.0%
2013	10.5%	15.2%	8.8%	14.2%	14.4%	32.3%
2014	4.7%	4.0%	18.9%	0.7%	-2.1%	13.6%
2015	1.6%	2.5%	5.4%	1.4%	-5.0%	1.4%
2016	-2.9%	1.7%	-1.4%	2.5%	4.4%	11.9%
迄今为止收益	8.7%	28.3%	62.8%	2.9%	7.5%	85.4%

图3-8　巴菲特与Ted Seides的对赌结果

如果一家管理金额超过10亿美元，成立了20多年的基金公司都跑不赢大盘，凭什么你觉得自己能行？还不如买入指数基金，享受大盘的平均收益，还乐得自在。

如何选择指数基金

在和身边的朋友聊起理财时，我吃惊地发现，大多数人甚至连股票、基金账户都没有开过。因此，为了方便绝大多数读者，接下来我会以支付宝为例，介绍基金的购买方式，免得你还要另外下载APP和开户。毕竟支付宝作为全民应用,普及率是相当高的。如果你从来没有在券商开过户,也没下载过炒股APP,没有关系,使用支付宝足矣。

在支付宝界面搜索"基金"即可找到入口,你可以点击"基金"主页面右上角三个圆圈的图标,将其添加到支付宝首页以方便使用(见图3-9)。

图3-9 将"基金"添加到常用应用列表中

进入"基金"主页面后，点击"指数选基"按钮（见图3-10），就可以看到丰富的指数基金产品了，包括宽基指数、行业指数，以及全球指数等。在这一节，我们只讲国内的宽基指数的投资方法。

图3-10 指数基金的入口

基金产品形形色色，让人眼花缭乱，如何选择产品又成了你头疼的问题。光是宽基指数就有沪深300、创业大盘、中证800、中证100等。如果你点击进入沪深300的详情页，还能看到许多不同的具体产品，让你无从选择。这是因为，市面上有形形色色的基金公司，自然也有形形色色的基金产品。同样是沪深300ETF，A公司可以发行，B公司也可以发行，它们基本上是同质化的，因为无论是哪家公司的基金产品，都是在复制沪深300的表现，彼此的差别也就不大。就像你去买碗，虽然超市里的碗多种多样，但都是开口大、底子小的形状，尺寸、外表都差不多。如何挑个好碗，就需要费心思了。

总而言之，你现在的问题主要是以下两个：

（1）我到底要买哪个指数？

（2）我又要在其中选择哪只基金？

首先是购买哪个指数的问题，这和个人偏好有关。有的人喜欢稳健，那就选择上证50这样的大盘股指数；而有的人喜欢激进，那就选择中证1000这样的小盘股指数。有的人偏好科技，也愿意承担科技带来的不确定性，他可以选择科创50、纳斯达克100这样的指数。你可以对照表3-1的内容进行选择。

如果你实在没有偏好也无须纠结，因为股票指数常常是同涨同跌的，虽然不同指数的成分股不同，各有侧重点，但从长期来看，没有哪个宽基指数能长期跑出独立行情。你是要半仓上证50加半仓中证1000，还是干脆全仓沪深300，长期来看不会有太大差异。如果你没有特别偏好，那就选择沪深300这个最流行的指数。本书接下来的案例都将以沪深300为例来讲解。

选好了指数，下一步就要选出一只具体的基金。你要选择跟踪误差最小、基金规模较大的产品。

跟踪误差就是指数基金和真实指数表现的差异。基金经理要向指数"抄作业",但做不到100%复刻。比如基金公司要有现金留存,不可能完全投向成分股,这使得ETF天然地存在一部分现金仓位。指数成分股会作出调整,而基金经理不可能总是在第一时间同步调整投资组合,再加上管理费用、大额申购和赎回等因素,跟踪误差就必然存在。

因为我们购买指数基金的目的就是复制股票指数的表现,所以跟踪误差越小,就意味着复制效果越好。比如你很喜欢莫奈的《日出·印象》,但真迹被挂在巴黎的马尔莫当美术馆里,你只能找几个画师来模仿一幅。你想要的是《日出·印象》这幅画,你不需要画师发挥创意,谁模仿得最像,你就买谁的画,就是这个道理。

在此基础上,还要考虑基金的规模,因为大基金运行稳定,清盘的可能性较小,收费也更便宜。通常公司品牌越老,名气越大,它所发行的基金规模也越大。毕竟卖的都是一样的碗,产品严重同质化,消费者没法通过产品本身作出选择,只能看是哪家工厂生产的了。通常来说,基金规模不少于1亿元即可。

如图3-11所示,在指数基金的主页面中选沪深300指数,就可以在"关联基金"处看到各种各样的基金产品了。

只需选择按"跟踪误差"排序,选择基金规模1亿元以上的,跟踪误差最小的那只基金即可。点击基金名称旁边的"+"按钮,把它加入你的自选列表吧!

图3-11 根据跟踪误差和基金规模来选择指数基金

关于基金的其他Q&A

Q：什么是场内基金和场外基金？

如图3-11所示，有个关于场内基金和场外基金的选项。它们有什么不同呢？

A：场内基金，顾名思义就是在交易所上市，可以直接利用券商APP买卖的基金。而场外基金则不然，它们不在交易所上市，你只能找银行、券商、基金公司、第三方销售机构（比如支付宝）购买。场内外只代表交易场所的不同，因此存在交易成本上的微小差异。场内基金的交易费率最高不超过0.05%，主要取决于开户的证券公司，而购买场外基金需要缴纳0.6%~1.5%不等的申购费，赎回费率一般为0.5%，具体数字根据产品的不同而不同。既然我们要做长期投资，这些成本上的差别可以忽略不计，基金产品本身也没有本质区别，不存在谁更好的问题。

既然场内基金在交易所上市，那么如果你要购买场内基金，就必须在券商开个账户或绑定已有的账户（见图3-12）。如果你嫌麻烦，那么完全可以购买场外基金。

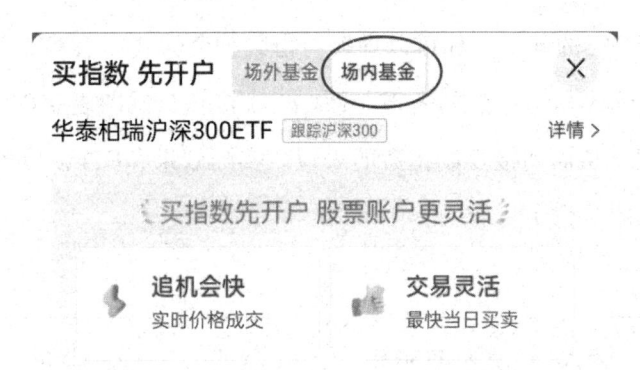

图3-12 在支付宝内购买场内基金，会提示开户或绑定已有的券商账户

Q：如何解读基金产品的名称？

A：以"华夏沪深300ETF联接A"为例，表示这是由华夏基金公司推出的，对标沪深300指数的ETF联接基金，收费方式属于A类。

前面的内容都好理解，问题在于联接基金和收费方式的解释。

ETF和ETF联接基金有什么区别呢？ETF联接基金指的是

投资ETF的基金，你可以理解为指数基金的"二手基金"。ETF试图复制指数的表现，而ETF联接基金试图复制ETF的表现，从而间接复制指数的表现，实际效果和ETF没有区别（见图3-13）。

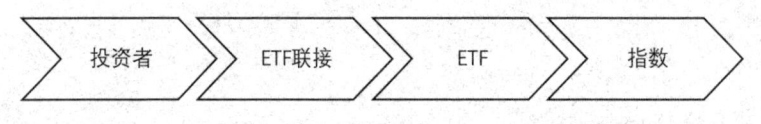

投资者 > ETF联接 > ETF > 指数

图3-13　ETF联接基金工作原理

为什么我们不能直接投资ETF，而要投资它的联接基金呢？这主要和ETF的投资门槛有关。ETF采用独特的实物申购、赎回机制。以股票ETF为例，如果你要买入ETF，是不能使用现金的。你要先买入一篮子的股票，再把这个篮子交给基金经理，向他申购ETF份额。同样地，当你赎回基金份额时，基金经理给你的也是对应的一篮子股票，而不是现金。每只ETF的最小申赎单位不尽相同，但是常见的最小申赎单位也要50万份，动辄需要数十万甚至上百万元资金。由此可见，ETF的投资门槛是很高的。因为场内的ETF已经上市，你可以方便地像购买公司股票一样买到ETF份额，但场外基金就不同了，你会面临ETF的这些麻烦问题。

为了降低ETF的投资门槛，一些机构推出了"购买ETF的基金"，也就是ETF联接基金。既然ETF的申购、赎回机制非常麻烦，需要的资金量也很大，那么这些麻烦事就让联接基金来做，你只要购买联接基金的份额就行了。总而言之，联接基金是为了降低投资门槛而设的，这就是场外基金大多数会带上"联接"二字的原因。

虽然多了这么一层嵌套，但是ETF联接基金、ETF、指数的表现都是高度一致的，因此你不用担心表现失真的问题。本书为了方便，对ETF及其联接基金不做特别区分。

再解释一下基金产品名称后面的字母。A类/B类/C类基金，指的是不同的收费方式。A类基金份额采用前端收费，在买入基金时，就会收取相关费用；B类是后端收费的方式，在购买基金时不支付费用，但在基金赎回时，同时收取赎回费和申购费；C类购买时不扣除申购费，但需要按日提取销售服务费。只要你不是短线炒家，收费方式的区别对你的影响微乎其微，读者只需了解即可。

Q：什么是LOF？它和ETF有什么区别？

有时候你会在列表中看到类似"嘉实沪深300ETF联接（LOF）C"这样的基金，LOF是什么呢？

A：LOF的全称是上市开放式基金（Listed Open-Ended Fund），是一种既可以在场外市场进行申购赎回，又可以在交易所（场内市场）进行基金份额买卖、申购赎回的开放式基金。LOF不仅可以用于被动型基金，也可以用于主动型基金，它是一种服务上的概念，强调基金可以同时在场内和场外交易，给投资者带来渠道上的便利；而ETF则是产品上的概念，表示它是可以上市交易的指数基金。LOF和ETF的侧重点不同，相互比较是没有意义的，也不存在谁更好的问题。读者看到LOF，只需知道它侧重的是一种更方便的服务，交易起来更加方便即可，其他不必深究。

Q：什么是增强型基金？

A：比如，你找画师来临摹莫奈的《日出·印象》，画师觉得莫奈的原作太单调了，于是加了两条船上去，你一看，这多加的两条船确是点睛之笔，整幅画就被"增强"了。同样，基金经理觉得被动地模仿指数表现太过于无聊了，于是他拿出一小部分仓位进行主动管理，力图在复制指数表现的基础上，博取一定的超额收益，这就是增强型基金。

所以，增强型基金相当于一个新的投资组合，你在购买指数基金的基础上又购买了一小部分高风险、高收益的产品。在第四章，你会学到如何构建自己的增强型组合，所以选择指数基金的时候，选择纯粹一点的ETF为宜，避免买入增强型基金。

【练习】

接下来,请你亲手选出第一只心仪的股票基金吧!

第一步:选择指数。

(1)我要明确,我只投资于_____(主动型/被动型)基金(这道题只有一个唯一的正确答案:被动型)。

(2)参考本节的指数分类表,我想要投资的指数是_____(如果你不知道怎么选,就填写"沪深300")。

第二步:选择基金产品。

(1)在支付宝界面搜索"基金",进入"基金"主页面。

(2)在"基金"主页面中,点击"指数选基"进入"指数选基"页面,找到宽基指数的列表。

(3)在指数列表中,点击你心仪的指数,进入指数详情页。

(4)在指数详情页的"关联基金"中,可以看到具体的基金产品列表。

(5)将这些产品以"跟踪误差"从小到大排列,并找到跟踪误差最小,且基金规模≥1亿元的那只产品,这只产品的名字是_____。

(6)点击基金名称右侧的"+"按钮。

现在它已经被添加到你的自选列表中了,它就是你正在寻找的基金！

第三节　如何投资债券基金

债券可以比股票赚钱

朋友向你借钱，并写了张借条，承诺未来某一天向你还本付息，到期日那天，你可以拿着借条向他要钱。借条是非标准化的文档，如果写得不清不楚，就会引起歧义。你说他欠债，他推脱不认，两人只好对簿公堂。而债券是标准化的借条，由政府和公司发行，是受到监管的，也正因为如此，债券才能在交易所中自由交易。

很多人认为债券只能赚取固定利息，是"没意思"的投资品种，这是大错特错的。债券的复杂性远高于股票，在美林时钟的四大类资产（债券、股票、大宗商品、现金）中，股票反而是最简单的品种，其次才是大宗商品和债券。因此，读者在投资债券的时候，万不可掉以轻心。

不仅如此，债券的盈利能力也不输给股票。

2023年年底，国内某房地产公司陷入流动性困境，叠加房地产行情下行，现金流非常紧张，投资者都担心它还不起钱，纷纷抛售债券，把债券价格打到白菜价。我们团队分析了该公司的资产负债表，认为它的财务状况还算稳健，且国家即将出台房地产纾困政策，该公司应该要走出困难期了。何况融资是地产公司的生命线，如果本次债券违约，影响该公司未来的融资，后面的日子会更难过。因此为了保证后续融资顺利，该公司一定会尽可能还钱。我们团队在图3-14中的位置①全仓了这只债券，最终在位置②卖出，赚了将近3倍的收益。然而该公司同时期的股价却一路下跌，赚钱效应远远不如债券。

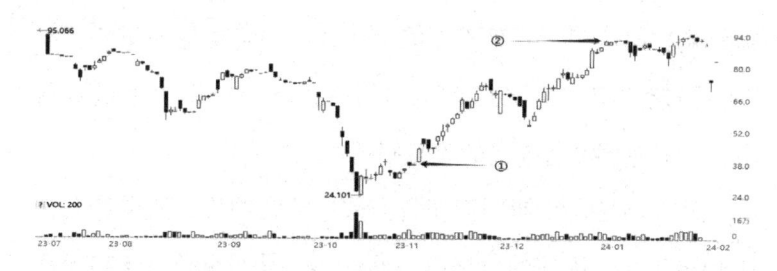

图3-14　2023年8月—2024年8月，某房地产公司债券走势图

既然这家公司的基本面还算稳健，利好政策也有出台的预期，按理说应该看好股票才对，为什么我们偏偏选择了债券呢？

债券最大的特点在于有明确的到期日和还款金额，无论债券现在是多少钱，随着到期日临近，债券价格一定会逐渐回归到100元的面值。否则，套利者在市场上低价买入债券，等上短短几天，就能收到公司归还的100元本金及其利息来获利，所以债券价格一定会随着到期日的临近向面值收敛。我们判断该公司会按期履约，那么手上的债券什么时候会涨到100元就非常明确了。股票没有到期日，所以我们并不知道股价是不是会涨起来。从这一点看，股票的确定性不如债券。

这只债券之所以价格低，是投资者担心公司还不上钱，纷纷抛售债券所致。那么国债也有这样的弹性吗？国家政府有着最高的信用，几乎不可能不还钱，不可能像公司债一样存在预期差吧？何况10年期国债收益率还被视为无风险利率，国债应该没有太高的收益率吧？

图3-15是10年期国债期货当季连续合约价格的走势图，从2015年起，国债的价格就一路向上，从最低价79.839元涨到107.303元。看似涨幅不大，但要知道这是期货合约，如果加上杠杆，投资国债期货能给你带来巨大的收益。股民们梦寐以求的长牛走势，居然被债券实现了。

图3-15　2015年3月—2024年8月的10年期国债期货合约价格走势图

从长期来看，国债价格的持续向上受益于利率的持续下降，因为债券的价格和其收益率是成反比的。这个原因也很好理解。假设现在债券的平均收益率为5%，价格50元，央行降息之后，债券的平均收益率就只有2%了，你手上这只收益率5%的债券就成了香饽饽，自然就能以更高的价格卖出。反之，如果央行加息，使得当前债券平均收益率高达8%，而你这只5%收益率的债券只能降价才能卖掉。这就是债券价格和收益率成反比的原因。这个机制稍微了解即可，你只需记住两者是反比关系。

最近10年来，国债收益率虽然上下波动，但整体呈现出下行的趋势（见图3-16），对标发达国家的发展历史，你会发现这是一种普遍现象。日本甚至进入了"负利率时代"，也就是说，你在日本的银行里存钱，还得给银行倒贴管理费。因此，没有人愿意把钱存起来，钱就可以在社会中运转了。债券收益率长期下行的原因在于，随着经济高速增长期的结束，大多数国家越来越依赖流动性宽松来刺激经济，导致利率长期下行，国债价格也一路长牛。

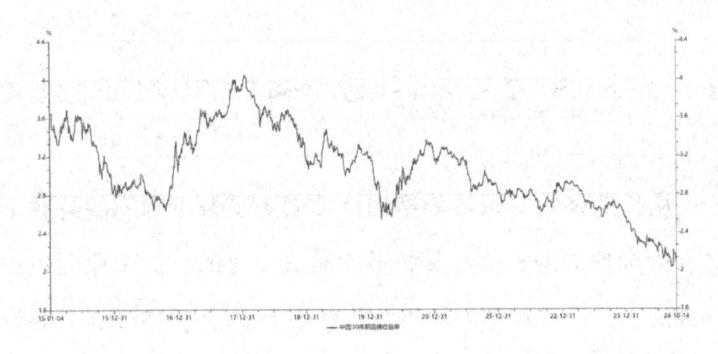

图3-16 2015—2024年10月14日的10年期国债收益率走势图

也正因为如此，债券并不是绝对安全的，如果你投资债券，至少面临以下两类风险：

首先是持有债券期间，价格下跌的风险。债券的价格是会波动的，借款人还款的预期、市场平均收益率等因素都会影响债券价格。如果投资者认为借款人违约的概率高，或者市场平均收益率在上升，就有可能导致债券价格下跌。如果此时你又急需用钱，就不得不忍受亏损并抛售债券。

其次，即使你不管价格波动，持有债券到期，也会面临借款人违约的风险。借款人可能真的还不起钱，从而导致债券展期，也就是延长还款的时间。虽然借款人依然会承诺还款，但是，你本可以现在收回的资金，却不得不被延后了，损失了货币的机会成本。最差的情况是借款人连钱都还不起了，直接破产清算，虽然债权人有优先清算权，但相比之前的投入也是得不偿失。

与其投债券，不如投债券基金

债券不但比股票复杂，投资门槛也很高，并非大多数人能够参与。

首先，非合格投资者是不能投资公司债的。根据《上海证券交易所债券市场投资者适当性管理办法（2023年修订）》，个人投资公司债，必须满足以下条件：

（1）申请资格认定前20个交易日名下金融资产日均不低于500万元，或者最近3年个人年均收入不低于50万元。

（2）具有2年以上证券、基金、期货、黄金、外汇等投资经历，或者具有2年以上金融产品设计、投资、风险管理及相关工作经历，或者属于第一项规定的合格投资者的高级管理人员、获得职业资格认证的从事金融相关业务的注册会计师和律师。

其次，参与国债期货也需要一定的资质，投资者需要满足适当性制度的要求。通俗地说，投资者要想参与国债期货交易，不仅要有50万元开户门槛，还必须通过相关的资格测试，也就是需要具备一定的专业知识才行。

很显然，如此高的投资门槛已经将大多数人排除在外，你唯一能做的是购买基金经理管理的债券基金，把钱交给专业人员管理，而不是自己去研究。基金经理会把你的钱拿去购买一篮子的债券组合，然后把这个篮子交给你，你就不需要费神亲自拣货了。

在支付宝的"基金"界面，点击"债基专区"（见图3-17）。从名字就可以看出，这里的债券基金并不都是投资于债券的纯债基金，甚至还包括了将小部分资金投资于可转债、股票等混合资产，从而在债券收益率的基础上博取一部分超额收益的增强型基金。

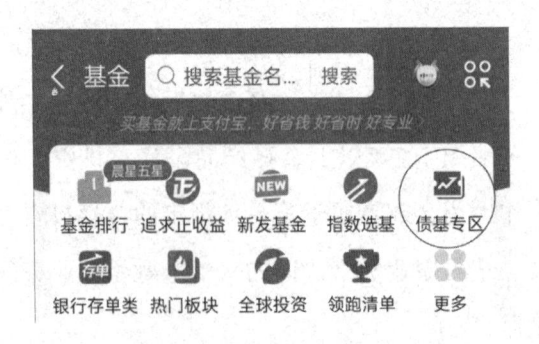

图3-17 支付宝"基金"主页面上的债券基金入口

进入"债基专区"的主页面后,可以看到各种分类(见图3-18),了解这些分类是很有必要的。

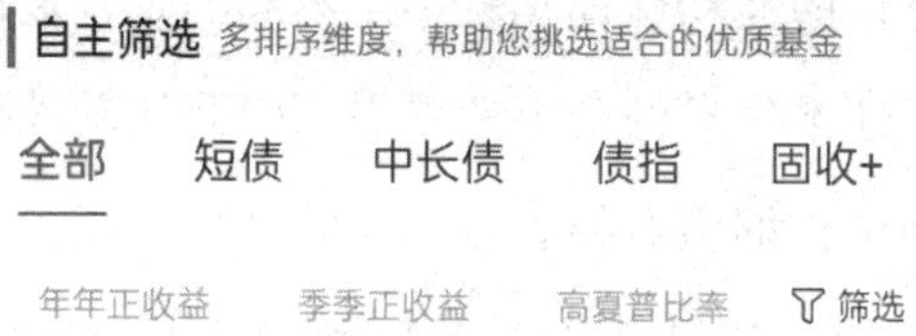

自主筛选 多排序维度,帮助您挑选适合的优质基金

全部　　短债　　中长债　　债指　　固收+

年年正收益　　季季正收益　　高夏普比率　　筛选

图3-18　"债基专区"主页面中的分类

短债,即短期债券,顾名思义,就是到期日较近的债券,通常剩余期限在一年以内。短债基金就是将不低于80%的资产都配置在短期债券上的基金。要注意的是,基金本身并没有和债券类似的到期日概念,短债基金不会在一年之内清算和还本付息。因为基金经理购买债券的行为是连续的,基金中的某只债券可能会在一年内到期,基金经理收回了本金和利息后,还可以将资金用于购买新的债券。虽然这个篮子里面不断地有债券到期,但基金经理一直在勤奋地帮你买进新债券,所以基金是连续存在的。

中长债,和短债相对,中长期债券的到期日在一年以上,中长债基金就是主要投资于中长期债券的基金。同样,单只债券本身是有到期日的,时间一到就要还本付息,但是基金本身没有这种概念。

这里着重说一下短债基金和中长债基金的异同点。相同的是，它们都属于纯债基金，即所有资产都投资于债券品种，因此它们的波动性都比较小。不同的是，短期债券的还款日很短，还本付息的确定性更强，因此波动性更低，安全性更好；而中长期债券的收益率和波动性更高，毕竟资金是有机会成本的。如果借款人小A会在3个月内就给我还本付息，那么我就不会愿意把钱借给小B，因为小B总是一借好几年。毕竟夜长梦多，时间越长，变数越大，而且我的钱在小B的口袋里放3年，损失了投资别的品种的机会。所以，如果小B要找我借款，就要支付更高的利息。

根据Wind数据统计，2013—2023年一季度末，短债基金的年化收益率是3.67%，低于中长期债基金的4.73%，但是短债基金的最大回撤只有-1.24%，也低于中长期债基金的-3.27%，证明短债基金的收益率和风险都更低。不过纯债基金的风险整体上都较低，两种债券不会有太大差异，这完全看个人偏好。

债指，即债券指数基金。债券指数和股票指数的编制方法一样，选取某些有代表性的债券作为样本，按照一定的加权方法编制出来，用以反映债券市场的整体行情走势。我国主要的债券指数是中证债券指数和上证债券指数。当你买入债指基金的时候，就像买入股指一样，都是在复制指数的表现，属于被动型基金。与短债基金和中长债基金相比，债指基金的安全性更高，波动性更低，因为分散化平抑了波动性。同样，债指基金都是同质化的，就像超市里的碗一样，与其费神怎么选，不如闭着眼睛挑。债指基金的投资逻辑和股指一样，本书就不再展开讨论。

固收，就是固定收益的简称，而债券就是典型的固定收益品种。因为购买债券的投资者很少是冲着债券价格涨跌去的，利息往往是其最主要的收益来源。因此，债券投资就是一种固收策略。

如果在配置债券的基础上，再稍微配置一点高弹性的品种，如股票、期货、可转债等，这就是所谓的"固收+"（见图3-19）。所以，"固收+"其实就是债券版的增强型基金。

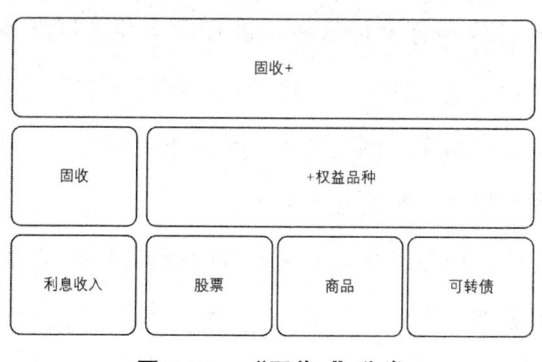

图3-19 "固收+"分类

之前讲到的短债基金、中长债基金、债指基金都属于纯债基金，它们的资产都被用于配置债券。而"固收+"属于混合型策略，即绝大多数仓位配置在债券上，但是小部分用于配置股票之类的进攻性品种，就不那么纯粹了。

你仅需关注纯债基金即可，不必配置"固收+"。第四章将会讲到不同品种的资产配置策略。除了债券基金，你还可以额外配置股指基金和黄金，其实你已经在给自己构建一个"固收+"了。既然如此，你就没必要购买所谓的"固收+"品种了。

可转债，即可转换债券。你买入的是一张债券，但是，一旦发行人（上市公司）的股价触发某个条件，你有权将该债券转换为一定数量的股票，从而博取更大的收益，可转债因此得名。你可以将可转债视为纯债券加上一个看涨期权。但是，由于附带了一个转股的权利，相当于"买就送"，所以债券本身的利息是很低的，没有谁会冲着那点利息去买它。虽然带了个"债"字，但是可转债的本质是看涨期权，这就属于金融衍生品的范畴了，玩起来更加复杂，除非高阶玩家，我不建议你配置可转债基金。

海外债，顾名思义，就是海外的债券基金，我们也不考虑配置该品种。

挑选哪只债券基金

当你确定要购买的具体类别后，就要考虑购买具体哪一只基金了，你只需考虑三类纯债基金：短债基金、中长债基金和债指基金。

如果你决定投资债指基金（债券ETF），那么选基的意义就不大了。因为ETF就是跟随并复制指数表现的，债券的整体市场表现如何，基金表现就如何。不同指数之间仅因为成分债和权重的不同会有微小的差异，但大多时候是同涨同跌的。花时间研究怎么选择ETF，没有太大意义。

但是，另外两类纯债基金属于主动型基金，基金经理会根据自己的分析为你精心挑选篮子里的债券，并试图跑赢大盘。这时候选基就很重要了，因为不同基金的业绩表现是有差异的。虽然债基之间的表现不会像股票基金之间那么大，但是相对而言，选基如果选得好，也能带来不少的超额收益。

选基主要看夏普比率，兼顾其他指标。

夏普比率（sharpe ratio）衡量的是一项投资（例如证券或投资组合）在调整风险后，相对于无风险资产的表现。它的定义是投资收益与无风险收益之差的期望，再除以投资标准差（即其波动性）。它代表投资者额外承受的每一单位风险所获得的额外收益。夏普比率的计算公式如下所示：

$$S = \frac{E[R - R_f]}{\sqrt{\text{var}[R]}}$$

以上是学术界的定义,看不懂也无妨,下面举个例子来解释。

公式的分子是某只基金的收益率减去无风险收益率(通常是10年期国债收益率),也就是所谓的调整风险后的收益率,衡量了基金的赚钱能力。比如班级平均分是65分,但小明和小红都考了85分,他们的成绩都很好。

但是只看收益率是非常片面的。同样是考试,小明经常大起大落,成绩的波动性非常大(以分母的标准差来衡量);但小红却稳定发挥,次次都名列前茅,成绩的波动性很小,分母的标准差就小。这就意味着小红在风险更低的情况下获得了更好的成绩,虽然两个人的成绩都是85分,但小红的夏普比率自然高于小明。那么请问下一次期末考,谁更有可能名列前茅呢?小红胜出的概率更大。所以,我们不能只看基金的收益率,还要兼顾稳定性。

夏普比率是选择基金的标准,它兼顾了低风险与高收益。夏普比率越高,意味着同等风险情况下,基金取得了更高的收益;或者同样的收益率下,基金承担了更低的风险(波动性更小)。

在"债基专区"的主页面中,选择你要的基金类型,再按成立以来的夏普比率排名，如图3-20所示。

图3-20　按成立以来的夏普比率排名

但是，它们真的是你的最终选择吗？点击图3-20中排名第一的短债基金，查看其详情页中成立以来的收益率曲线，会发现该基金的业绩大致接近同类平均水平，但还是远远跑输大盘国债指数（见图3-21）！既然如此，何不买入债券ETF，跟随大盘顺流而上呢？看来即使是债券，投资ETF也是一个不错的选择。

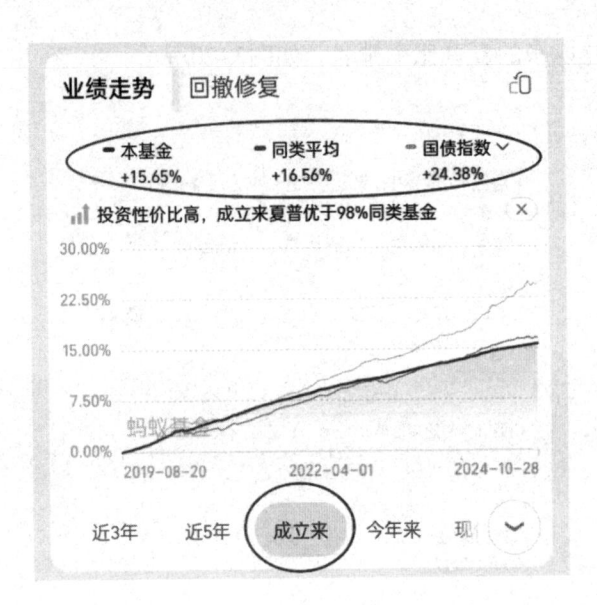

图3-21 进入基金产品详情页，查看成立以来的业绩对比

债指基金没有按夏普比率排序的选项，也没有显示跟踪误差。你可以按成立以来的涨跌幅来排序，简单地选择排名第一的基金即可。指数基金的长期表现都是跟随大盘的，即使随便选一个也无妨。

【练习】

接下来，选出你的第一只债券基金吧！

在支付宝的基金界面，选择"债基专区"，进入"债基专区"的主页面，并填写。

我决定，选择以下一种纯债基金作为投资对象（单选）。（同股票基金一样，一旦选定了某种类型的债券基金，就不要轻易更换了，请谨慎选择）

□短债基金：收益率和风险相对更低。

□中长债基金：收益率和风险相对更高。

□债指基金：不选了！索性买入一篮子债券，跟随大盘行情。

（1）如果你选择了主动型基金（短债基金、中长债基金），请继续填写。

①在主页面中按成立以来的夏普比率排序，排在第一位的基金名称是_____，代码是_____。

②点击进入该基金的详情页，它成立以来的收益率是_____，同时期国债指数收益率是_____。

③经过对比，我发现（单选）：

□主动型基金的长期业绩跑赢了国债指数，我决定把这只基金加入自选。

□主动型基金的长期业绩没有跑赢国债指数，我决定投资国债指数基金。

（2）如果你选择了被动型基金（债指基金），请继续填写。

在筛选功能中，按成立以来涨跌幅排序，排在第一位的基金名称是_____，代码是_____。我已将它列入自选。

这只在你自选列表中的债券基金，就是未来你要投资的对象！

第四节　如何投资海外基金

"出海"对冲经济周期

"人生可比是海上的波浪，有时起，有时落。"作为福建人，笔者从小就会唱《爱拼才会赢》这首歌，长大后才发现是至理名言。年少不懂曲中意，听懂已是曲中人。

如果你正想大干一场，却发现际遇不好，该怎么办呢？是把头埋在沙子里，告诉自己困难都是假的，凭着一腔热血撞南墙？还是唉声叹气，蹲在地上抹眼泪，感叹自己怀才不遇？

还是有第三条路？

际遇不好，那就换个环境嘛！

这个世界是大环境决定小环境，宏观决定微观的。如果你做实业，就会深刻感受到经济周期对你的限制，因为你是宏观经济体中的一个微观环节。如果你的客户没有钱，你就没有生意，而这一切的原因，是客户的客户没有钱，产业链的一环扣着另一环，形成了宏观经济的大网，一个环节不景气，就会层层传导到整个经济体系中。

但是，资本不同于实业，它不需要厂房、员工、设备，它可以自由地流向收益率最高的地方去，甚至跨国流动。要是月球上也建立了证券交易所，资本甚至能够跨星球流动也说不定。

一个经济体的发展也像波浪一样起起伏伏，这是正常的经济周期现象。如果你遇到不好的年景，不要唉声叹气，因为经济周期在全球不同经济体之间是错配的。放眼全球，你会发现这个地方正在衰退，但那个地方却在繁荣；你在这里亏钱，却能在那里赚钱。你可以让资本流向经济繁荣的地方，利用周期的错配来赚钱。

2020年，新冠疫情肆虐全球，全球经济突然按下了暂停键。为了对冲经济的下行，美联储开启了史无前例的大宽松政策。2020年3月16日，美联储宣布降息100个基点，基准利率低至0.25%。各国央行纷纷跟进释放流动性，在全球流动性泛滥的背景下，各国股市纷纷上涨。2020年3月23日，美国的标普500指数触达2191.86点的低点后，便开启了一路不回头的上涨历程。当时我国的A股市场因为充裕的流动性叠加新能源题材的浪潮，也出现了自2015年以来最大的牛市。

但是随着降息周期退潮，叠加2021年年底美联储加息的预期愈演愈烈，资产泡沫开始消退。泛滥的流动性不可避免地引发了通货膨胀，美国经济迅速从疫情中复苏，就业率持续走高的同时，CPI也一度涨至8.8%的峰值，高昂的物价已经对经济增长带来了反噬。2022年年初，美联储宣布加息，短短一年多的时间里，基准利率从0.25%迅速上涨至5.5%。加息力度之大，持续时间之久，历史罕见。

因为史无前例的加息，全球经济流动性陷入了停滞，因为热钱都跑美国去了。只要买入美国的国债，就能躺着赚到5.5%的利息，谁还愿意去炒股呢？富时新兴市场指数在美元进入加息周期后便进入下行通道（见图3-22）。同时期的美国因为经济基本面过热，加上吸走了全球的资金，标普500指数持续上涨，最高几乎突破6 000点。

图3-22　富时新兴市场指数自美元加息之后开始下行

美国公司牛气冲天的这几年，国内股民们的账户却是绿意盎然，很多朋友也唉声叹气，问我股市到底什么时候会走牛，而我总是一句话点醒他们：

"既然现在是美股的牛市，为什么你非要盯着A股呢？"

随着QDII的发展，中国投资者可以方便地投资境外资产。QDII指的是在一国境内设立，经该国有关部门批准从事境外证券市场的股票、债券等有价证券业务的证券投资基金。QDII允许投资者在货币没有实现完全可自由兑换、资本项目尚未开放的情况下，有限度地投资境外证券市场。虽然目前国内的QDII基金只能购买海外的指数基金，但这已经能够满足我们的理财需求了。你可以利用支付宝简单地购买中国香港、美国、日本、欧洲乃至其他地方的指数基金。以深圳某知名基金公司发行的标普500ETF为例，该基金成立10年来的年化收益率是12.7%。对于大多数不懂炒股的工薪族来说，这个收益率已经足够让人满意了。

沪深300和标普500都代表了一个国家股市的平均收益，不存在哪个指数更好的问题。我们之所以要投资海外基金，主要还是出于分散风险的目的，利用不同市场的周期错配，对冲单个市场经济周期下行的风险。

全球资产是如何错配的

既然投资海外基金的目的是对冲经济周期,那么我们有必要了解一下全球经济周期错配的机制。

截至2022年1月,世界上共有236个国家或地区,其中国家198个、地区38个,但是能够影响世界经济的国家寥寥无几,无非美国、欧元区、中国三巨头而已。2023年,以上三个经济体的GDP总量分别是27.36万亿美元、18.35万亿美元、17.79万亿美元。

欧元区虽然是由不同国家组成的松散经济联合体,但是存在统一的货币体系,因此我们可以将其视为一个有影响力的经济体来看待。但也因为欧元区的政治松散性,决定了欧元无法像美元一样对全球资本流动形成强大的影响力。

货币是所有资产的定价单位,是分析的起点。

美国是全球唯一的超级大国,美元是全球资产定价之锚,美联储是全球资本的心脏,它们决定了资金在全球的流向。如果美联储加息,美元强势,美债的利率高,那么全球资金就会流向美国。

毕竟,谁不喜欢一个既安全、收益率又高的品种呢?所以,美元强则他国弱,这是一个普遍的现象。当然,宏观经济是一个复杂系统,受多种因素影响,并不是简单的"1+1必然等于2"的逻辑。

新兴经济体由于经济基础单薄、产业单一、严重依赖资源出口，受美元的冲击尤为明显。这点可以从经常账户和资本账户两个方面来分析。经常账户可以简单理解为因贸易活动而产生的国际收支，因为美元强而他国弱，一些非美经济体，如中国、欧洲和日本，就会受到冲击，经常账户受到影响；又因为美元强势，资金回流美国，所以这些国家的资本账户也会外流；大多数发展中国家严重依赖资源出口，美元升值意味着大宗商品贬值。三重冲击之下，新兴经济体会更加脆弱。所以每次美元的强势周期都伴随着群体性的经济危机，如20世纪80年代的拉美债务危机、20世纪90年代的东南亚金融危机等。就连2022年爆发的俄乌冲突也发生在美元加息周期之中。俄罗斯是典型的资源国，美元升值影响了石油价格，使俄罗斯出口受损，本轮冲突的爆发也在意料之中。

全球所有货币中，唯有美元有此能力，无怪乎人们常说，美国霸权就靠三样东西来维持：科技、美军和美元。

这时候就有人问了，美元降息，资金的成本便宜了，释放了流动性，股市上涨，这是可以理解的；但是为什么在这一轮美元加息周期里，美国、日本的股市也会上涨呢？

已故的经济学家周金涛先生在《涛动周期录》中写道："美元牛市是可以与发达经济体的股票牛市并存的。因为美元牛市期间，美国经济基本面也是上行的，因为强势美元使得国际资本向美国流动，有力地支撑着资产价格。"

欧洲、日本等其他发达经济体虽然不如美国那般强势，但受益于美国经济基本面的复苏，因此，它们也处于从经济周期的低谷艰难复苏的阶段。但是新兴经济体因为工业基础薄弱，出口结构单一，在强势美元的背景下容易遭遇各种打击，在此强彼弱的格局下，资本当然愿意跑到发达经济体的资本市场中。

那么，中国在全球货币经济博弈中又扮演了怎样的角色呢？

周金涛先生在《涛动周期论》中提到过一个美欧经济分析框架，我将其中的欧洲替换成中国，来尝试解释中美经济周期错位的逻辑。

以美国为横轴，中国为纵轴，就能画出图3-23中的坐标轴。中美经济同频的时候只能出现在图3-23中穿越第一和第三象限的45°对角线上（A、B、C、D），这条对角线的上下方则是中美经济周期错配的情况。

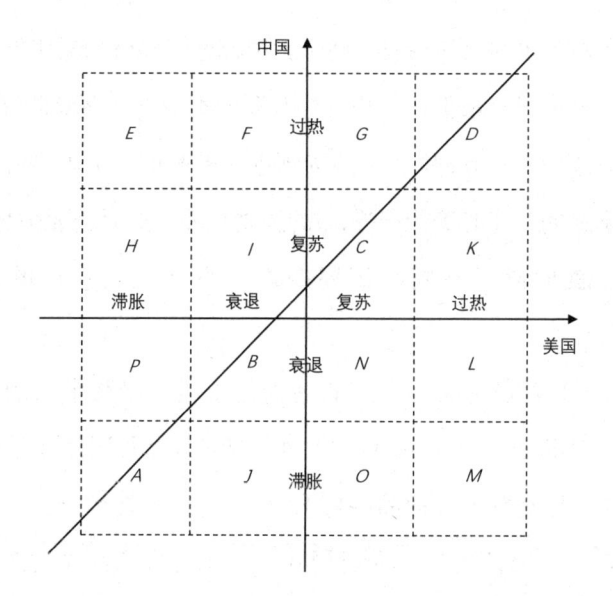

图3-23 中美周期错配下的大类资产配置框架

坐标轴的左上角，即第二象限（E、F、H、I），中国处于复苏期和过热期，美国处于滞胀期和衰退期，是中国经济强、美国经济弱的格局，美元处于弱势地位；右下角即第四象限（N、L、O、M）则反之，是美国经济强、中国经济弱的格局，美元处于强势地位。

在右上角的第一象限，两个大国都处于经济复苏期和过热期，经济都很好，此时就看谁更好一点，也就是所谓的"比好逻辑"。在G中，中国已经进入过热期，美国经济才刚刚开始复苏，此时美元弱势；K的逻辑相反，此时美元强势。

在左下角的第三象限，两个大国都处于经济的滞胀期和衰退期，经济形势都很差。此时就看谁更差一点，也就是所谓的"比差逻辑"。在P中，中国刚刚进入滞胀期，美国经济已经陷入衰退期，此时美元弱势；J的逻辑相反，此时美元强势。

这就形成了不同经济周期中，不同大类资产的配置策略。

（1）大宗商品。大宗商品受益于通货膨胀带来的物价上涨，所以在中美两国都处于过热期的D以及通胀率依然高企的A，是配置大宗商品的好时机。E、H正处于美国的滞胀期，但中国经济向好，众所周知，中国是大宗商品的全球大买家，中国需求旺盛叠加美国通货膨胀推高大宗商品价格，也是配置大宗商品的好时机。G因为美国经济复苏，叠加中国经济过热，对大宗商品的需求旺盛，加上美元弱势会进一步推高大宗商品价格，因此也是合适的做多时机。

（2）黄金。黄金兼具大宗商品和金融、货币属性，除了可以和大宗商品一起配置，还可以配置在F、I、B、J，也就是美国的衰退周期上。因为在这四个区域里，美元都是弱势的，黄金是美元的替代品，美元弱则黄金强。

（3）全球股市。第一象限是最好的配置区域，因为中美两大经济体牵动着全球经济的复苏与繁荣，与中美两国有生意往来的国家都因此受益。

（4）全球债市。B、P、J是中美两国都处于衰退期，或者一国已经进入衰退期，而另一国即将进入衰退期，此时资金撤出股票，转入债券。A是中美两国同时陷入滞胀期，此时两国央行要先加息以控制通胀，其次才能考虑降息来刺激经济，因此A是加息周期，债券收益率上升，债券价格下跌，不宜做多债券。

（5）美元资产（美股、房地产）。除了第一象限，第四象限也是配置美股的绝佳时机。虽然此时美元强势，但美国经济基本面强劲，资金更愿意投资美股。

（6）人民币资产（A股、房地产）。除了第一象限，第二象限也是配置A股的绝佳时机。此时美元弱势，中国经济又好于美国，流动性宽裕叠加基本面向好的逻辑，资金更愿意投资中国资产。

以上内容尝试解释中美经济周期错配下大类资产的配置策略，有周金涛先生珠玉在前，我只是做了一点自己的解释。如果读者感兴趣，可自行深入学习。就理财而言，你只要记住"美国强则他国弱"的经验即可。除了第一象限周期共振、全球股市都欣欣向荣，其余时间，两国资产是对冲的，资金在第二象限偏好人民币资产，在第四象限偏好美元资产。这就意味着，你可以把一部分资产投资于中国A股的沪深300ETF，再把另一部分等值的资产投资到美国的标普

500ETF中，这就相当于把资产分别投资到东西方最大的两个经济体中以实现风险对冲。在第四象限，两国经济都陷入下行周期，债券成为投资者青睐的品种。在两国都处于滞胀期，股债两头不讨好的A区域，黄金可以帮助你保值增值。至于欧元区、日本、印度等其他国家或地区的资产，不在我们的配置范围之内，感兴趣的读者可以自行研究。

如何选择海外基金

在支付宝的"基金"主页面中，点击"全球投资"（见图3-24）。

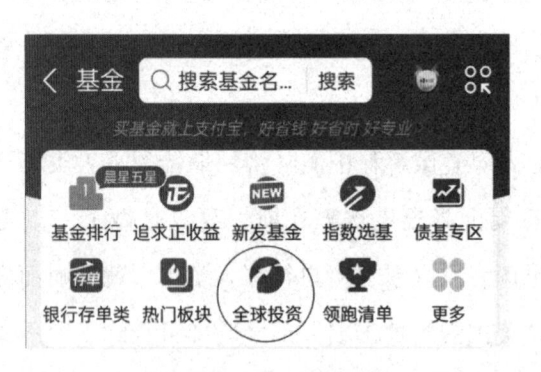

图3-24 全球投资入口

进入"全球投资"的页面后，就可以在"全球市场"一栏找到美国、中国香港、日本等海外资产分类。除此之外，你还能买到行业主题基金、海外债券、油气黄金等（见图3-25）。注意一下这个地方，因为第五节会讲到如何配置黄金，这里是黄金ETF的购买入口。选择美国的资产，并以成立以来的波动率由小到大排序。

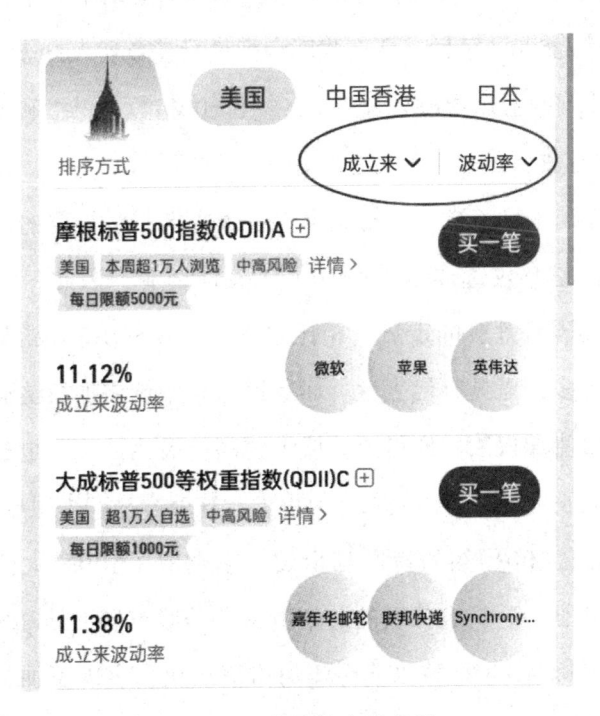

图3-25　海外基金的分类

为什么波动率越小越好呢？因为风险是以波动率（标准差）来衡量的，所以我会优先选择低波动率的基金。许多投资新手会选择以涨跌幅来排序，这是不妥当的。在收益率和风险之间，你要优先关注风险。

按波动率排名后，自上而下找到名称中带有"标普500"或者"纳斯达克"字样的基金，把它加入自选即可。如图3-25所示，摩根标普500指数(QDII)A的波动率最小，且带有"标普500"字样，那么我就会把这只基金列入自选。

美国的主流指数只有三个：标普500指数、道指和纳斯达克100指数。

首先排除道指。道指是世界上最古老、最重要的指数之一，但是它仅选取了美股30家代表性企业，因此，它仅能代表美国蓝筹股的走势。相比之下，标普500指数涵盖的成分股更多，更具有代表性。而且道指采用价格加权法而非主流的市值加权法，使得成分股中的高价股比低价股更有影响力，但股价高并不代表总市值更大，这就容易产生误导。

标普500指数的特征是全面，它选取了500家大公司作为成分股，这些成分股的总市值占了美股市场大约80%的权重，且标普500指数以实际流通市值加权，表现更加科学，是大多数ETF的复制对象。标普500指数统计的是全美市场的公司，微软、英伟达、苹果等纳斯达克明星股也在其中。

纳斯达克100指数选取了纳斯达克市场中100家市值最大的非金融股，科技纯度约60%，能够很好地反映美国科技行业的走势，也是ETF喜欢复制的指数之一。另外还有纳斯达克综合指数，它统计了所有在纳斯达克上市的公司，依市值加权计算而成，有几千个成分股，但科技股的占比也就40%~50%，比起前者，它的科技纯度也就没那么高了。

国内某知名财经媒体做过统计，2010—2023年年初，纳斯达克100指数、标普500指数、道指的年化收益率分别是13.5%、10.3%、9.2%。在统计期间的后5年内，纳斯达克100指数的整体表现优于标普500指数，不仅年化收益率更高（纳斯达克100指数16.24%，标普500指数9.99%），夏普比率也更优（纳斯达克100指数0.46，标普500指数为0.27）。

可见，在同等风险下，纳斯达克100指数有着更好的表现，不仅夏普比率更高，其绝对收益也高于另外两个指数。这一切都使得纳斯达克100ETF成为最流行的海外资产配置品种。但也要注意的是，纳斯达克是科技股的集中地，纳斯达克100指数并不算是一个严格的宽基指数，而是一个科技板块指数，行业属性更强一些。科技是人类的第一生产力，能进入纳斯达克100指数成分股的公司在全球科技产业链中都享有独特地位，也有着更强的盈利能力。纳斯达克100指数的良好表现得益于科技的发展，也得益于硅谷的独特创新土壤。但是，科技的不确定性较大，不如传统行业稳定。从波动的绝对值来看，纳斯达克100指数的风险也更高。根据Wind数据统计，2013—2023年，纳斯达克100指数的年化波动率是19.54%，而标普500指数仅有16.74%，纳斯达克100指数曾有过35.56%的最大回撤，而标普500指数仅有33.93%。纳斯达克100指数在短期内的波动性更大，如果仅统计2020—2023年的数据，纳斯达克100指数的年化波动率高达22.02%，而标普500指数仅有17.03%。这3年间，纳斯达克100指数曾有过35.56%的最大回撤，而标普500指数仅有25.43%。

喜欢标普500指数还是纳斯达克100指数，与个人偏好有关。本书以理财为目的，所以书中的案例均以成分股数量更多、行业覆盖面更广的标普500指数为主。

【练习】

接下来，选出你的第一只海外基金吧！

在支付宝的"基金"主页面中，选择"全球投资"。

选择"美国"市场，并按成立以来的波动率从小到大排序。

根据排名从上到下，找到第一只名称中带有"标普500"或"纳斯达克"字样的基金，这只基金的名称是_____。

请把它加入你的自选列表。

第五节　如何投资黄金

金价受什么影响

黄金是大宗商品中最特殊的一个品种，因为它兼具多种因素于一身。黄金是普通的大宗商品，是制作首饰、工业零部件的重要原材料；黄金是天然的货币，除了欧元，黄金是美元最大的对手盘，美联储的决议也极大地影响着金价；黄金具有金融属性，它属于不生息的避险资产，具备抗通胀的能力，许多人会购买黄金以求保值。

也就是说，黄金具备商品、货币、金融三大属性。影响金价的因素是复杂的、多方面的。

首先是商品属性。黄金是一种大宗商品，用于制造黄金首饰、工艺品，也是部分电子元器件的原材料。从这一点来看，它和铜、螺纹钢、硅料的性质是一样的，就是一种工业原材料。既然是商品，那么供给和需求就是主要的影响因素。

供给方面，假设有新的大型金矿被发现，黄金的供给就会增加，如果需求不变，供过于求会导致金价下跌。不过黄金受供给的影响很小，因为供给存在刚性，矿山需要花时间勘探和开采，现有金矿的储量也有限，所以影响黄金商品价格的因素主要在需求端。黄金投资者会密切关注印度的数据，因为印度是仅次于中国的世界第二大黄金消费国。黄金是印度人的日常首饰，也是女孩子的嫁妆，每逢重要节日及结婚吉日，黄金的需求量就会增加。但是，黄金在供给侧和需求侧的变化都是比较小的，它的商品属性不足以解释金价剧烈波动的原因。

其次是货币属性。黄金是最古老的天然货币之一，它不受限于单个国家的法律约束，不会被单个国家的央行所操控。即使在全面普及法定货币的今天，黄金依然被作为储备货币来使用，世界各国纷纷储备黄金以支撑本国货币汇率。当法定货币信用崩溃时，黄金能为商业世界托底。虽然美国是世界上最强势的法定货币，但是当美元出现信用危机时，人们便纷纷抢购黄金以求风险对冲。如同欧元一样，黄金也是美元最大的对手盘之一，这也是黄金和美元通常呈现负相关的其中一个原因。可见，世人可以不相信美元，但一定会相信黄金。

既然黄金是货币，那么和其他货币一样，黄金也有相对于美元的"汇率"，即黄金的美元价格。包括黄金在内的大多数大宗商品都是以美元计价的，美元和黄金有着明显的负相关性。一方面，由于黄金以美元计价，如果美元贬值，金价也会受益于通胀而上涨；另一方面，黄金是美元的对手盘，是一种避险货币，当世界局势动荡，美国国力下行的时候，黄金就会掠夺美元的需求，金价就会上涨。2023年10月7日，以哈马斯为首的巴勒斯坦武装团体与以色列军队爆发武装冲突，世界"火药桶"又变得不太平起来。由于以色列是美国的中东代理人，以色列遭袭也意味着美国在中东的控制力下降，避险资金在美元和黄金之间选择了后者。随后，黄金开启了一路上涨的路程，从10月6日最低点1 823.5美元/盎司[①]，一直涨到2 500美元/盎司以上。如果真的天下大乱，美元也不好用了，那么黄金将是最终的硬通货。可见，黄金的货币地位是连美元也无法比拟的，更别提欧元等其他法定货币了。

最后是金融属性。黄金和房地产、股票一样，是一种投资品，人们购买黄金的主要目的是对抗通货膨胀。这个逻辑再一次加强了黄金和美元的负相关性。美国通胀就意味着美元贬值；黄金作为一种货币就会相应地升值，再加上黄金作为投资品的抗通胀属性，高涨的需求就会推高黄金价格。

但是，黄金是不生息的投资品，所以它的价格是和实际利率成反比的。实际利率就是央行公布的名义利率减去通胀率，反映的是你在某项资产上面得到的真实收益。假设某只债券的年利率是5%，你花100元购买了这只债券，年底能拿到5元利息。但是，这一年的通货膨胀率是3%，你赚到的这5元钱里面，有3元钱被通货膨胀侵蚀掉了，你的财富实际上

[①] 1盎司=28.350 g。

只增长了2元，这就是实际利率的概念。

实际利率高，生息资产就更划算，黄金也就没有什么吸引力了。但如果实际利率下降，生息资产的实际收益率就下降了，如果通胀率太高，实际利率有可能为负数，此时买入生息资产实际上是亏损的，还不如投资黄金以对抗通胀。美国10年期抗通胀债券收益率（TIPS）代表了实际利率。从历史数据来看，美国10年期通胀指数与金价有着明显的负相关性，相关系数达-0.9（见图3-26）。但是影响金价的因素是多方面的，2023年起，金价和实际利率就呈现出正相关，出现了少见的强美元、高金价并存的局面。这是因为世界局势的不确定性加大，黄金的避险属性在这一时期成为最主要的逻辑。

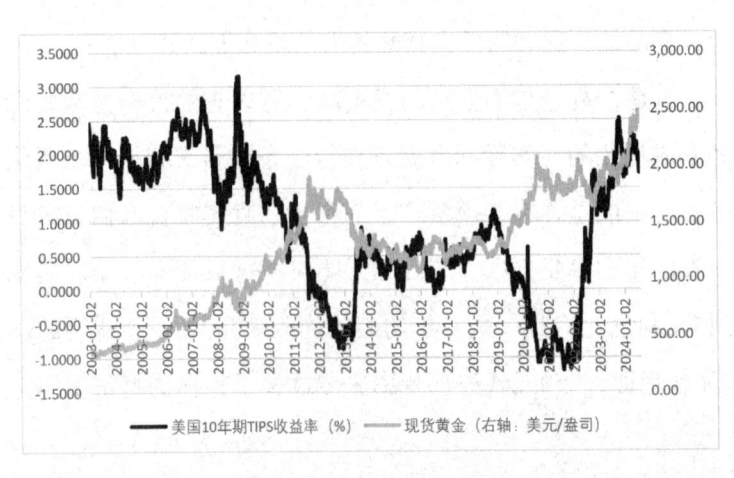

图3-26　美国10年期抗通胀债券收益率和现货黄金价格关系

总而言之，商品属性对金价的影响很小，主要是货币属性和金融属性。短期看货币属性，世界局势一动荡，金价就上涨，因为黄金是财产最后的避难所。长期看金融属性，因为黄金可以对抗通货膨胀。

你可以投资哪类黄金

要怎么投资黄金呢？你要买金块吗？你是不是要在家里腾出一间房来专门囤积金块呢？最近流行的"纸黄金"又是什么？如果金块携带起来不方便，你是否可以投资黄金期货或差价合约呢？黄金有不同的产品形态，先在这里做一个梳理。虽然都是黄金，但门道很深，如果不注意，可能会造成亏损。

黄金的产品形态多种多样，主要有以下几种：

1. 差价合约与期货合约

一些平台声称可以交易黄金，它们所说的黄金可能是指黄金的差价合约或者是期货合约，这可不是我们想要用来对冲周期风险的那种黄金。对于此类品种，我的建议是离得越远越好。

差价合约是衍生品交易的一种形式，你可以通过预测股票、股指、外汇、大宗商品和债券等品种的价格涨跌来赚取利润。假设我认为金价会涨，我会在市场上买入看涨的合约；而你的观点和我相反，你做空了金价。过了几天，黄金价格果然上涨了，我将头寸平仓，赚取了利润，我赚到的钱就是你的损失，因为你看错了方向。期货合约的交易体验与此类似，只是期货是有交割日的，你必须在期货合约到期之前平仓。

但是，无论是差价合约还是期货合约，你只是在交易一纸合约而已，而不是在交易黄金本身。也就是说，你只是在和其他交易者对赌，合约是媒介。你只是买入了一张纸，上面写着"我认为金价会涨"，要是金价真的涨了，输家就要给你支付对价，黄金的所有权并没有转移到你手上。理论上，持有多头期货合约的交易者在交割日时，可以拿着合约交割实物黄金。但是根据交易所的规定，个人期货交易者开户的目的是投机，当交割日临近时，交易所会将你手上的黄金头寸强制平仓，你不要指望会有辆载着实物黄金的卡车出现在你家门口。

更重要的是，差价合约和期货合约都附带高杠杆，能给予交易者以小博大的机会。我劝你远离杠杆，杠杆是不好把控的双刃剑，大多数人总把自己弄得伤痕累累。

随着差价合约和期货市场的发展，越来越多的东西都可以拿来交易，甚至包括天气。天气期货的本意是为那些对天气变化敏感的企业提供一个对冲风险的工具。交易者可以就未来气温的升降进行对赌,若气温升高,多头赚钱;若气温降低,空头赚钱。但是交易者持有的只是一份"我认为未来会升温"的合约,而不可能持有天气本身。

2. 黄金饰品、纪念币

有的人会去首饰店购买黄金饰品,既能穿戴,又能投资,一举两得。尤其老一辈特别喜欢黄金饰品,认为黄金既有收藏价值,也有消费价值。还有一些人喜欢购买贵金属制作的纪念品,如"奥运金币"等,他们认为此类产品天然地具有收藏价值,一些限量版的纪念品价格甚至远超黄金本身。

与差价合约、期货合约不同,黄金饰品、纪念币都是实物黄金,你持有的金饰价格会随着金价的上涨而上涨。但是,这并不意味着它们适合用来做投资,因为它们附带了太多额外的成本,如果你投资此类产品,就要花掉不必要的钱。

黄金饰品首先是作为消费品而存在的,穿戴和装饰是它的首要功能。消费者首先要考虑美观,其次才是黄金的成色和重量,因此,你必须为饰品的美观支付额外的成本,比如首饰的加工费和设计费等。对于投资者来说,这些都是没必要花费的多余成本,如果你购买等量的金块,支付的成本更低。此外,金饰也存在变现难的问题,因为饰品是非标准化的,造型五花八门,成色、重量也不统一,买家要先对其进行鉴定才能决定是否购买,你又要为此支付额外的鉴定成本。

纪念品（以纪念币为典型）是以收藏为目的而推出的黄金产品，天然地附带了精神价值，投资者也必须为此支付额外的成本，这些无形成本甚至远超金价本身。假设你看上了一款2008年发行的限量版北京奥运金币，你不可能仅仅支付黄金的价格就能买到它，甚至要支付数倍的溢价。本质上，你是在投资艺术品，就像投资字画以及古玩一样，而不是在投资黄金。问题在于，艺术品是务虚的，业余人士很难准确估算纪念品、工艺品、字画、古玩的价值。投资者往往是在纪念品刚发行的时候买入的，彼时刚好赶上某些热点，纪念品有很高的溢价，但随着时间的推移，热度下降，纪念品价格也随之下滑，容易牛短熊长。我们的目的不是做艺术品投资，所以也请远离此类产品。

3. 金条（包括金块、金锭等）

金条是以精炼后的黄金制成的条形物体，上面印有重量、成色、精炼厂的名称和编号等基本信息。它是最纯粹的投资品，没有花里胡哨的设计，它的价值直接取决于内含的黄金纯度与质量，你也不需要为它支付溢价，是理想的实物黄金投资品种。除了普通的金条，还有纪念金条，如生肖金条、结婚金条、祝寿金条等，此类金条附带了精神属性，增加了不必要的溢价，投资者应该远离纪念金条，只要购买普通金条即可。

金条由知名黄金公司生产，可以在银行购买。金条的纯度大于99.99%，所以金条上往往印有"Au9999"字样。金条并没有强制要求的标准化规格，黄金公司可以根据需要铸造出任何规格的金条，但是为了方便市场购买，黄金公司一般会以整数克重为单位，推出不同规格的金条，常见的有5 g、10 g、20 g、50 g、100 g、200 g、500 g、1000 g等。

有的人喜欢投资实体金条，是因为喜欢沉甸甸的实物拿在手上的那种满足感，但实物金条的缺点也很明显。

首先是保存和运输的问题。正是因为黄金难以储存和运输，人们才发明了纸币；现代人认为纸币携带、找零也很麻烦，才发明了移动支付。如果你非要"返璞归真"去囤积金条，那就得面临储存和运输的烦恼。

黄金虽然化学稳定性强，但它毕竟是金属，也会变质。很多人买了黄金，喜欢放在手上把玩，黄金沾了汗水、唾液等就容易氧化。还有的人把黄金放在潮湿或曝晒的环境下，这都是不妥的。一旦保存不善，或者出现磕伤、划伤、污点等，影响了产品成色，就会影响后续成交的价格。

如果自己不方便保管金条，不妨把金条放在银行或黄金公司代为保管。某国有商业银行就推出了购买50 g金条赠送免费保管的服务，但是，如果你要拿回实物黄金，必须至少凑足100 g才能领取。有的黄金公司也提供保管服务，还会给你每年2.4%的利息,相当于买存款了。不过,很多人之所以购买实物黄金,就是喜欢拿在手上欣赏把玩的感觉,如果放在银行保管,也就没有购买实物的必要了。

其次是回收的问题。银行一般都有回收实物黄金的业务,但实物黄金毕竟存在成色、磨损等问题,如果保管不好,就会影响回收价格。而且不是所有银行都来者不拒,有的银行只接受自己发行的金条。所以,如果你要购买金条,一定要购买知名公司或大型银行发行的产品,这种金条能够获得信誉背书,回收变现的难度也比较小。

要注意的是,金条的零售价和回收价是有差别的,它们以实时的基础金价为准上下浮动,你为了购买金条所支付的零售价一般高于基础金价,而你出售金条所获取的回收价则低于基础金价,因为回收方就靠这个差价来赚钱。假设中国黄金集团公布的实时基础金价是每克563.5元,你为了购买金条,需要支付每克577.5元,该价格大于基础金价的。但是,如果你要出售金条,你的回收价格是每克561.5元,该价格小于基础金价。两者差价就是回收方赚取的利润。如果金价涨幅不够大,你就无法收回这部分成本。

最后,实物黄金还有很高的投资门槛。按照上文所述的报价,如果你要购买100 g的金条,就要支付高达57 750元的价格,即使购买5 g的小金锭,也要支付2 887.5元。所以,金条投资并不适合理财人群。

4. 金豆

为了降低人们投资黄金的门槛，市面上出现了一款重量仅有1g的小金豆，尺寸约一粒花生米大小。按照中国黄金的报价，购买一颗金豆的成本不到600元，投资实物黄金的门槛大大降低。近年来，金豆也在年轻人群中流行起来。

金豆能把存钱玩出花钱的感觉。我有个朋友就养成了每月购买小金豆的习惯，她直言："我就喜欢花钱买东西的感觉，但买的金豆实际上是储蓄，又不会浪费。"她把金豆放到一个玻璃罐里，看着小金豆越攒越多，她的心里充满了满足感。金豆满足了年轻人的收集欲，把存钱变成了一件有成就感的事情，也减少了心理补偿效应。

但是，金豆的风险也很高。金豆作为实物黄金，也存在储存、运输、回收等问题。除此之外，金豆还有不少自己特有的问题，主要集中在成色和成本两大方面。

首先是成色问题。某知名媒体调查了2023年11—12月有关金豆的334条投诉，发现其中有109条投诉与产品含金量不足有关。有人网购了一颗小金豆，去店里检测发现含金量只有9%，剩下的都是黄铜。有90条投诉与克重不足有关，比如商品描述声称有4~5 g重，实际到手只有1.7 g。还有129条投诉与商家异常问题有关，不良商家卖了假货后立即关闭网店失联，即使是印有知名品牌的金豆，事后也被鉴定为造假。小金豆因为不受监管，所以鱼目混珠。

其次是成本问题。为了规避假货，投资者纷纷寻求知名品牌。因为供不应求，导致知名品牌的溢价率很高，投资者需要为此支付额外的信任成本。

比如，当前中金实时基础金价是568.50元/g，我在某国有大型商业银行APP的官方商城中找不到小金豆的信息。但是，该银行推出了古钱币造型的"一克金"产品，当前售价为628.93元，其次是带有纪念意义的儿童成长纪念币，2 g起售，单价为782.5元/g。但是，该银行推出的100 g普通金条的单价也就587.77元/g，足见"一克金"、纪念币的溢价之高。

我又查询了第二家知名大型商业银行的APP，发现该银行正在出售小金豆，但每颗售价也达到了601.48元。第三家知名银行的小金豆，每颗售价甚至高达628.4元。可见，小金豆的成本远高于实际金价。之所以如此，归根结底在于信任机制的缺乏，投资者需要为信任支付额外的成本。而交易所里的股票、合约都是标准化的，是受到监管的，也就没有这方面的成本了。

总而言之，无论是金条还是小金豆，都不是理财的首选。人们购买实物黄金的主要原因是为了满足收藏欲，但收藏和理财是两回事。

差价合约和期货风险太高，实物黄金又有诸多麻烦。是否存在风险低，又不用持有实物黄金的投资品种呢？

5. 纸黄金

纸黄金和差价合约类似，你所交易的只是一张代表黄金的凭证，但是风险比差价合约低多了。该服务一般由大型银行、黄金公司等有实力的机构提供，这就解决了信任的问题。银行参照市场上现货黄金的交易价格报出自己的买价和卖价，客户按照银行的报价交易黄金，买卖交易记录只在你的银行账户上体现，不涉及实物黄金的提取。

纸黄金是以实物黄金为基础的，你买入1 g纸黄金，仓库里就有1 g实物黄金与之对应。但是，纸黄金不能作为实物黄金的提取凭证，它只是个凭证化的交易工具而已。用户只能在APP中买卖纸黄金以赚取差价，无权将其提取为实物黄金，你可以将它视为一种无杠杆的差价合约。但是开通纸黄金业务需要接受产品适合度调查，提高了投资门槛。因此，纸黄金也不是非常理想的投资工具。

6. 黄金ETF

有这么一种工具，它没有实物黄金的烦恼，投资门槛和手续费比纸黄金还低，甚至还允许兑换实物黄金，是理想的理财工具。它就是黄金ETF：

既然股指可以密切追踪股票指数的走势，那么是否可以发明一种ETF来追踪金价走势呢？黄金ETF应运而生。该基金将绝大多数资金投资于上海黄金交易所挂牌交易的黄金品种，从而能够密切跟踪黄金价格。与前文所述的各类黄金产品相比，它有不少优点。

（1）门槛低。一手黄金ETF相当于1 g实物黄金，如果你买入一手黄金ETF，就相当于买了一颗小金豆。

（2）无溢价。我在Wind数据库上随机选取了一只黄金ETF，它的每手价格是545.3元，不仅远低于小金豆的价格，甚至比基础金价还低。

（3）成本低。黄金ETF的手续费是0.01%～0.03%，而纸黄金的手续费通常高达0.2%。

（4）可T+0交易。如果你买入了一只黄金ETF，觉得后悔了，可以在当天卖出，不像股票一样需要等到第二个交易日才能卖，更不用面临实物黄金回收的麻烦问题。

（5）交易便利。支付宝中即可操作，无须额外申请开户。

（6）有实物黄金的支持。黄金ETF是通过买入真实黄金来跟踪金价的，基金资产有真实黄金的支持；你买入了一手黄金ETF，其实是间接买进了1 g真实黄金。

（7）更重要的是，它可以兑换为实物黄金！偏好虚拟资产的可以持有黄金ETF，偏好实物黄金的可以将其兑换，算上加工费，你为此支付的成本也远低于直接购买小金豆。

由此，黄金ETF是最符合理财需求的工具。

如何挑选黄金ETF

你有两种方法可以交易黄金ETF。第一种方法，在支付宝搜索"黄金"，找到黄金的专属入口，即可买入黄金ETF联接基金（见图3-27）。第二种方法是，在支付宝"基金"的主页面，点击"全球投资"按钮（见图3-25），在分类选项中选择"油气黄金"，即可找到黄金ETF联接基金的入口。本着简单为上的原则，本书以第一种方法为例来讲解购买方法。

图3-27 支付宝"黄金"主页面的购买入口

点击图3-27中的"一元试试"按钮即可买入黄金ETF。这里提供服务的基金公司只有三家,分别是易方达、博时、华安,它们都是国内排名居前的基金公司。根据证券时报公布的2024年第二季度管理总规模(不包括货币基金)排名,易方达、博时、华安分别排在全国第一、第六、第十五名。它们都有良好的信誉,产品本身也只是被动跟随金价。所以,你无须纠结于买哪只基金,随机选择即可。

注意,图3-27中的黄金ETF报价是527.734 5 元/g,不仅远低于同时期实物黄金和基础金价,甚至低于从Wind软件中随机选取的黄金ETF价格。可见,支付宝提供的黄金ETF确实是成本非常低的投资渠道。

低成本兑换实物黄金

虽然从理财的角度来看,实物黄金确实不如黄金ETF方便,但实物黄金也有它的优点。除了让人觉得真实,能满足收集欲望,更重要的是,当极端事件(如战争)发生时,实物黄金可以作为流通货币使用。

黄金ETF只有金融属性,不具备货币属性。人们投资黄金ETF主要是为了抗通胀,但它不能作为货币来使用。你不能拿着黄金ETF来购买粮食,而且黄金ETF是无法直接转让的,你必须把它卖掉,换成法定货币才行。然而问题在于,当极端事件发生时，法定货币会变得不安全，历史上因战争而导致的恶性通货膨胀比比皆是。法定货币变成了废纸，人们只得以物易物，这时候，实物黄金将成为全人类唯一认可的货币。

幸运的是，黄金ETF是可以直接兑换实物黄金的，而且比直接购买小金豆更便宜，还不用担心信用问题。小金豆最令人头疼的两大问题都在这里得到了解决。

当你买了黄金ETF后，在支付宝APP主界面下方的菜单栏中点击"我的"界面后再点击"总资产"按钮，就能在"理财资产"一栏中看到自己持有的黄金（见图3-28）。

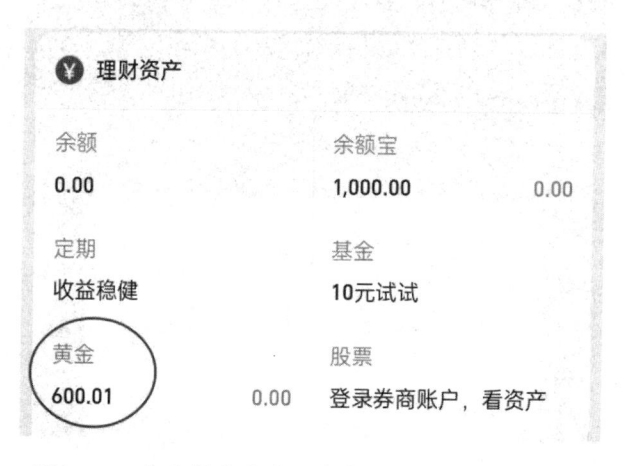

图3-28 在支付宝个人总资产页面中找到黄金分类

点击图3-28中的"黄金"按钮即可查看自己目前持有的黄金资产明细,包括黄金克数、持有期收益、当前金价等。要兑换实物黄金,只需点击该页面右上角,即可看到"兑换实物黄金"的选项了(见图3-29)。

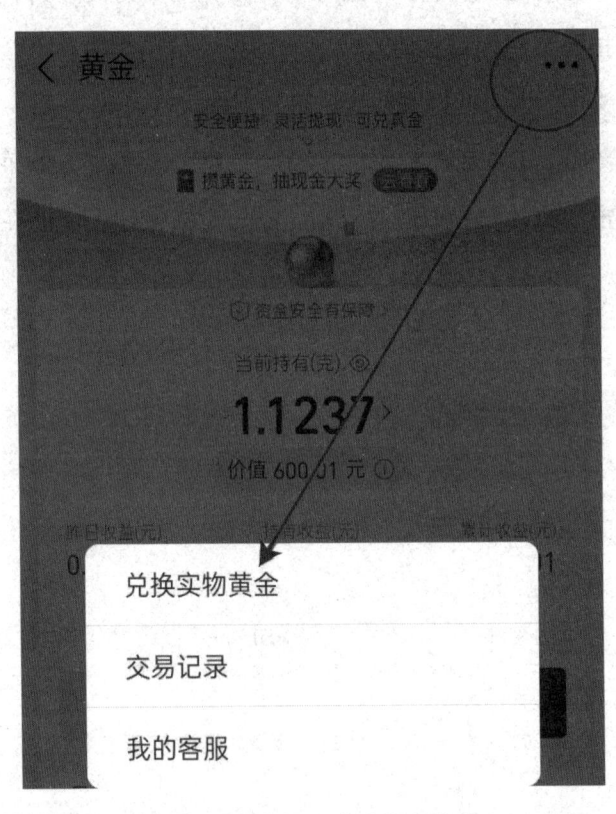

图3-29 在支付宝中兑换实物黄金

接着，你就来到了"实物黄金商城"（见图3-30），这些实物黄金分别由博时、华安、易方达提供，有充足的信誉保证。找到你心仪的实物黄金，直接兑换即可。

图3-30 可兑换的实物黄金商城列表

需要注意的是，兑换实物黄金需要支付加工费和快递费，工艺品、纪念品属性的黄金产品需要更高的加工费，所以你可以考虑兑换比较朴素的产品。例如，博时黄金发行的1 g金元宝需要58元加工费，而设计更加朴素的普通小金豆只需要52元加工费。因为黄金ETF的成本更低，即使算上加工费和22元快递费，也比直接网购的小金豆更划算和安全。以博时发行的小金豆为例，当前黄金ETF的价格是527.734 5元/手，加上52元加工费和22元快递费，总成本合计601.73元，和其他小金豆产品相比，价格更具竞争力。如果等到克数积累多了之后一起兑换，可以摊薄快递费，单颗小金豆的成本会更低。

博时黄金ETF的价格是每手（克）527.734 5元，而当前的中金实时基础金价是每克568.50元，两者相差约40元；即使是支付宝内的三大黄金ETF，具体价格也不一样。同样是黄金，为什么价格相差这么大？黄金ETF和基础金价高度相关，它们就像影子和身体的关系，两者形影不离，但并不完全相同。ETF并非全仓黄金，基金经理会保留一部分现金以备不时之需；ETF也不存在实物黄金的储存成本；ETF可以在资本市场上流通交易，有自己的二级市场，会形成自己特殊的供求关系，也使得虚拟和实物两类资产价格变动幅度有所不同；有时候基金公司为了吸引客户，会收取低于同行的管理费，这一切都造成了不同产品价格高度相关但不相等的现象。但是，当你要兑换实物黄金时，就免不了支付加工费和邮费，总成本也就和实物黄金相差无几了。所以，虽然用黄金ETF兑换小金豆会相对实惠些，但是和银行渠道的价格差异不会太大，两者的价差可视为摩擦成本，否则套利者就可以在支付宝上买入便宜的金豆，再放到别的渠道上以更贵的渠道卖出，最终使两个渠道的价格会趋于相等。读者可以多方比较，选择最实惠的产品。

如何方便地兑换实物黄金

实物黄金的兑换让人头疼，但支付宝解决了这个问题。

在图3-31所示的个人黄金资产明细页下方，可以看到黄金回收选项。如果你在实物黄金回收变现上遇到了麻烦，可以直接在支付宝中申请黄金回收，因为是互联网平台，所以服务费等成本更低。点击进去后，根据提示操作即可。

图3-31 在支付宝中回收实物黄金

【练习】

（1）我决定投资_____（实物黄金/黄金ETF）。

本题只有唯一正确答案，那就是黄金ETF，它可以兑换成实物黄金，兑换成本也低于直接购买实物黄金。

（2）在支付宝主页面搜索"黄金"，进入黄金功能页。

（3）点击"一元试试"，尝试买入黄金ETF。

（4）在支付宝下方菜单栏点击"我的"按钮，在"我的"界面点击"总资产"按钮后，点击"理财资产"中的"黄金"按钮，查看自己的黄金资产。

第四章　组合：构建资产配置策略

第一节　设计你的理财策略

什么是资产配置

现在，你已经选好想投资的资产了，你的自选列表里有四只基金，分别是沪深300ETF、标普500ETF、债券基金和黄金ETF。下一个问题是，你要在这四类资产中如何分配金钱？何时买？何时卖？每次买卖多少？这就是资产配置的问题。

所谓资产配置，就是考虑如何将资金分配在不同的资产中，以及如何根据实际情况做出调整，包括了进场、出场、加仓、减仓四个步骤。

首先，你要确定自己投资的是哪些品种，这回答的是"买什么"的问题。

其次，这些品种分别什么时候进场，什么时候加仓，什么时候减仓，什么时候清仓，以及不同品种之间的仓位比例如何，这回答的是"怎么买"的问题。

最后，你需要定期检查，动态调整，确保资产组合维持在合理的范围内。

你要根据自己的经验和认知，慢慢将以上问题落实成一套规则，然后就根据这套规则执行操作、动态调整即可。这就完成了一个交易系统的搭建（见图4-1）。

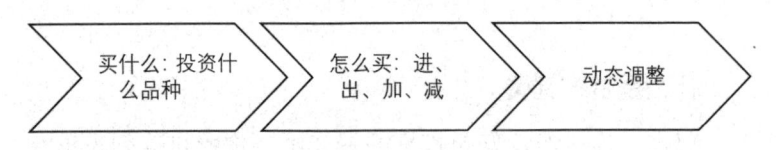

买什么：投资什么品种 → 怎么买：进、出、加、减 → 动态调整

图4-1　交易系统的基本流程

"买什么"只是整个投资策略中最初级的部分，你已经在第三章完成了这项任务。接下来，你还要解决"怎么买"以及"怎么卖"的问题，这就是第四章的内容。

有些人认为："既然要长期持有，那么我每个月收到工

第四章 组合：构建资产配置策略　　161

资，平均买入四只基金，拿着不动不就行了吗？"

还真不行。

原因在于，金融市场是高波动的，尤其是国内的金融市场还不成熟，更容易急涨急跌，很多时候是经济周期而不是资产本身决定了你的盈利。图4-2是某只沪深300ETF成立至今的走势图。该基金成立于2012年5月，挂牌至今一共涨了56.55%，换算成年化收益率只有3.72%，只是略微跑赢了通胀（中国1985—2024年的平均CPI约为2.5%），这个收益率并不十分令人满意。

图4-2　某只沪深300ETF成立至今的走势图

但是，这只基金在上涨过程中是急涨急跌的，形成了大量波峰和波谷。假设基金刚成立时你就买入了，不久之后，你就能遇到2015年的大牛市，由于市场过于疯狂，你在此时抛售这只沪深300ETF，就能赚取119.7%的收益率。短短3年带来的收益，比长期持有10年还多一倍！

市场从来不缺机会。如果你错过了2015年的牛市，到了2021年，你会发现，市场又疯狂了。如果你适时抛售手上的这只沪深300ETF，也能获得163.24%的收益率。

有人看到这里就不服气了："你这是事后诸葛亮！回到2015年的那个时候，你怎么可能预判到市场会下跌呢？"

确实，在那一段疯狂的行情里，每个人都相信上证指数将突破10 000点。但是，如果你学过价值规律，就会知道这是不可能的事情，没有任何资产的价格能偏离真实价值太久，极致的乐观过后是极致的悲观。我记得那段时间和朋友们聚会的时候，大家都不说话，一个个埋头看股票，时不时冒出一句："我的股票又涨了！"这就是市场狂热的表现。这时候，你可以减持一部分股票基金，并配置到黄金和债券中。

过度的乐观之后，必然是过度的悲观。盛夏之后凛冬将至，寒冬过后大地回春，这是历史规律，也是资本市场的规律。当一个个曾经的"股神"谈股色变的时候，你又可以增持股票基金了。

这不是空洞的道理，而是有方法的，我会在本章第二节讲解。

即使你不在意这一点收益率，喜欢长期持有，我也建议你坚持学习和实践本章的内容，因为这是在帮助你养成一种资产配置的思维和习惯。当你有朝一日不再满足于理财，而是投身股票和期货之中时，你会发现这个习惯能帮助你少走很多弯路。10年前无意中买了一只股票，10年后一看账户，赚了500万元——许多人对这样的故事津津乐道。可惜，这只是故事，即使真的发生也是特例，不要把特殊性当成普遍性。买错了一只股票，10年后一看账户，都化成灰了——这才是残酷的现实。

如何进行资产配置

资产配置着重讨论以下几个话题：

进：什么时候买进一个品种？各品种分别买进多少？

出：什么时候清仓某一个品种？

加：什么时候增加某一个品种的仓位？各品种分别增加多少？

减：什么时候减少某一个品种的仓位？各品种分别减少多少？

策略的设计是一个日积月累的过程，投资人会在日常工作中积累心得体会，并将这些经验总结付诸实践，慢慢地就形成了自己独特的交易策略。在量化交易技术逐渐发达的今天，投资人一般会把自己的策略写成程序，并把程序用于历史数据的回测，一旦历史回测业绩表现良好，投资人会让策略实盘运行一段时间；等试验期一过，才进入实战应用阶段。每个策略的背后，都是投资人十几年浮沉的结晶。

接下来我会介绍两大策略，你可以根据个人情况自行选择。第一个策略是定投策略，该策略较为稳妥，只要长期坚持下去，就能获得合理的回报；第二个策略是杠铃策略，它在前一个策略的基础上做了增强，即大仓位追求稳妥，再以小仓位博取超额收益，当然，该策略的风险也更高。

世间万物没有完美，只有合不合适。要选择哪一种策略，跟你的个人情况有关。选择权在你，我只是把选项摆出来给你看而已。当然，你也可以在此基础上发展出有你个人特色的策略。

【练习】

在支付宝的"基金"主页面下方菜单栏中，点击"自选"按钮。你已经选出了四只基金，它们的名字如下：

A股ETF：＿＿＿＿＿＿＿＿＿＿＿＿＿＿＿＿＿＿＿。

美股ETF：＿＿＿＿＿＿＿＿＿＿＿＿＿＿＿＿＿＿＿。

纯债基金：＿＿＿＿＿＿＿＿＿＿＿＿＿＿＿＿＿＿。

黄金ETF：＿＿＿＿＿＿＿＿＿＿＿＿＿＿＿＿＿＿＿。

第二节　稳健路线之定投策略

什么是定投策略

刚做投资经理时，我的师父告诉我，一个让你舒服的投资策略，应该具备三大特征：大概率、可持续、睡得着。

（1）大概率。这个策略应该是大概率赚钱的，而不是凭运气。

（2）可持续。这个策略应该能持续地营利，为你赚取长期的收益，而不是时灵时不灵。

（3）睡得着。这个策略应该能让你放心，晚上能睡安稳觉。

指数基金定投策略就完全符合以上三个特征。

所谓定投，就是定期投资，也就是每个月挑一个固定的时间去买基金。只要时间一到，你就坚决执行计划，不要有任何犹豫。在定投日以外的其他时间，不要去看账户，也不要去关注市场行情，让其他事情——工作、家人、朋友、锻炼身体、读书学习充实你的时间，要忘记自己在理财这件事，以避免因接触太多市场噪声而做出不理智的行为。至于要挑哪一天作为你的定投日，一次要花多少钱，就看自己的喜好而定了。简单、直接、易操作，因此，定投是最适合初学者和上班族的方法。

一个完整的定投计划要包括两个因素：时间和金额。

首先是时间，也就是根据自己的喜好挑出一个定投日，在定投日之外的其他时间里，坚决远离金融市场。别小看这个规则，能做到的人少之又少。什么时候做什么事，一旦定了，照做就行，最怕的就是临时起意、急中生智，最后破坏了规则。明明照着菜谱就能做出好菜，你非要自作主张，做出来的菜当然是"四不像"。很多人刚刚买了基金，就忍不住打开看，吃饭看，走路也看，一有下跌就手忙脚乱，如果连续下跌，他就更受不了了，拿起手机就把基金卖了，结果刚卖不久，基金就触底回升。如果你也犯过这种错误，别自责，因为这是普遍现象，是人性使然。

至于要选择哪天作为定投日，没有什么特殊规则，完全看个人喜好。你可以选择每个月的最后一天，或者发工资的那一天，这都没有影响。因为从长期上看，具体选择哪一天对于最终的收益率影响不大，关键是坚决执行交易规则，一旦确定了定投日就不要轻易改变。当然，定投的频率也可快可慢，你可以按月定投，也可以按周定投。有的人性子比较急，可以每周定投一次，甚至还有软件可以帮你每天自动定投。这都没有问题，规则确定下来后，坚持执行才是关键。

其次是金额，也就是确定每次定投的资金量。你每个月的收支是在不断变化的，每个月能投资的金额也是不一样的。所以定投指的是定期不定额。这个月，你一共存下多少钱，就投多少钱。定投日是固定不变的，但每一次的投资金额，就取决于你存钱的努力程度了。在第二章里已经讲了存钱的方法，你可以根据你的理财计划来确定每个月的投资金额。

如何合理分配资金

首先把你能投资的钱分成两部分：一部分是活钱，也就是可能会在3～5年内用到的钱；另一部分是死钱，也就是可以至少放3～5年不动的钱。长期投资知易行难，因为工薪族没有庞大的资产和现金流，只能从牙缝里省钱，这就决定了工薪族的抗风险能力弱。虽然你已经计算出过去3～6个月的平均支出了，但谁能保证不会突然间来个意外呢？一旦有突发事件，你的理财计划就会被打乱，就不得不卖掉那些本应该长期持有的投资组合。

所以我们需要把存下来的钱规划为两个部分，活钱以备不时之需，死钱尽可能长期持有。至于各自分配多少是因人而异的，你可以各50%为参照进行调整。如果你的收入不高，抗风险能力弱，建议活钱配置多些，因为你要更加在乎灵活性。

请将活钱的部分分别投资到债券和黄金中，各自占一半仓位。债券和黄金的波动性都比较小，既然首要目标是把钱存下来，而不是靠它来赚钱，那么你就不用纠结债券和黄金怎么分配了，可以简单地按各占半仓配置。债券有到期日，临近到期日时，债券价格会向面值回归。所以如果你担心意外情况，可以适当多配置一点债券，并以短债基金为主。记住，活钱的部分不是为了创造收益，而是为了保持灵活性。

如何分配股票基金

死钱则全部投资于股票基金，因为股票必须长期持有才有可能产生复利。这里的关键在于如何配置沪深300ETF和标普500ETF的仓位。

我们能不能像活钱一样，简单地在两只基金之间半仓配置？答案是不行，因为股票的波动性高，你不能用存钱的方法来对待股票。尤其是国内的A股，市场成熟度、法律法规、运行机制、投资者结构等都有特殊性，不能照搬成熟市场美股的玩法。

第四章　组合：构建资产配置策略　　169

假设你从2019年1月1日起，每个月定投1 000元于沪深300ETF，一直到2023年12月31日，整整5年的时间里一共投入了6万元，结果你的总亏损是1.13万元，定投年化收益率为-8.17%，总收益率为-18.76%（见图4-3）。

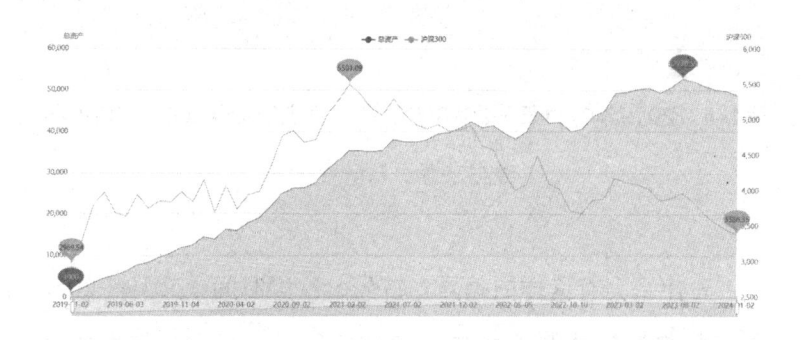

图4-3　2019年1月1日—2023年12月31日定投沪深300模拟图

数据来源：乌龟量化

但是，同样的时间，同样的钱，定投给标普500ETF，结果就不一样了。你将赚到1.9万元的利润，定投年化收益率10.83%，总收益率为31.62%（见图4-4）。

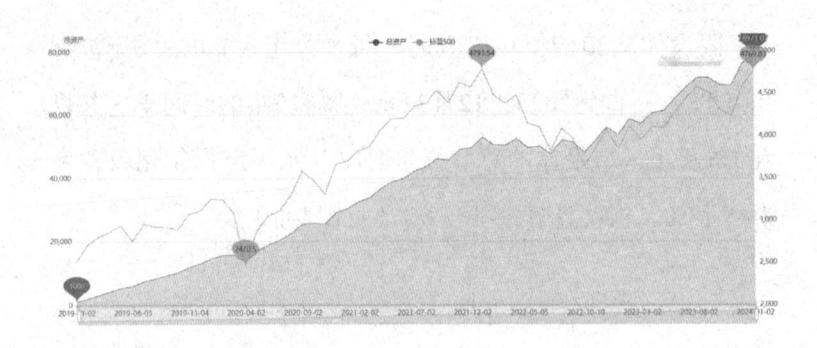

图4-4　2019年1月1日—2023年12月31日定投标普500ETF模拟图

数据来源：乌龟量化

为什么会有这样的差异？首先，这段时间（2019—2023年）的市场行情非常特殊。2020年年初，新冠疫情席卷全球，世界经济均受到打击。为此，各国"大放水"导致流动性泛滥，叠加"双碳"主题爆发，A股迎来了一波牛市，但这一轮牛市其实是题材和热钱推动的，泡沫比2015年还严重。

如果你在此时开始定投沪深300ETF，其实是在高位买入接盘。接下来的四五年时间里，你都要为消化泡沫而买单。即使你有足够的耐心持有10年，但是回头一看，这10年里有大部分时间都用来消化泡沫了。即使后5年市场再次上涨，也不知道能不能回到当初你买入的价位。

其次，指数基金定投源自美国，是美股生态下的产物，而A股的制度、生态、投资者结构和美股有很大差异。两个市场的上市公司构成也不一样，美股吸引了全球最具竞争力的公司，以消费、医疗、高科技、跨国公司为主；而中国作为工业国，上市公司以制造业、资源型企业为主，在全球产业链的分工、地位也不一样。

无论是基本面还是市场面，两个市场都有很大差异，把美股的经验照搬到A股明显是不合适的。

两市的差异从走势图上就可以看出来。如图4-5所示，标普500ETF呈现一路向上的趋势，牛长熊短，波动性相对更小，这才是适合长期持有的市场；而沪深300ETF呈现出暴涨暴跌的形态，一不小心就高位接盘，持有10年都不一定能赚回成本。

同样在全球流动性泛滥的2019—2020年，美股虽然也有大涨，却没有A股这样的暴跌，整体更加稳健。所以，标普500ETF可以用传统的定投方式，而沪深300ETF则不得不考虑它的波动性。

图4-5　A股和美股主流指数走势对比

如果我们有办法判断A股是否高估，并利用波段来调整仓位，结果会不会更好呢？

我用乌龟量化做了一次模拟实验。假设你从2014年1月1日开始，每个月定投1 000元到沪深300ETF，一直投到2023年12月31日，一共10年的时间。在不考虑分红的情况下，你累计投资了13.2万元，最终亏损3 719.98元，总收益率为-2.82%。如果你定投到标普500ETF，你的总收益率将会是84.48%。

但是，如果对沪深300ETF进行低买高卖的波段操作呢？假设我们在指数估值处于低位时坚持每个月定投1 000元，但是当指数出现泡沫时将其卖出并等待市场回调，那么，结果将如表4-1所示。你的累计投资额是7.3万元，获得利润

30 128.86元，总收益率可达41.27%！

表4-1　对沪深300指数进行波段定投的结果

时间	投入本金/元	获得利润/元	总收益率/%	年化收益率/%
2014年1月1日—2015年6月4日	18 000	16 540.36	91.89	103.72
2016年2月4日—2018年2月5日	25 000	5 750.59	23	20.03
2019年1月4日—2021年6月4日	30 000	7 837.91	26.13	18.67

当然，这只是对理想情况的模拟，没有人可以在10年时间里精准地买在低点、卖在高点。但这足以说明，在波动率极大的A股市场，如果能够善于把握"市场先生"的情绪，比高位接盘拿着亏钱要好。

幸运的是，只需一个简单指标即可避免沦为"接盘侠"。

如何判断A股市场是否高估

市盈率（price-to-earnings ratio，P/E ratio）是最流行的估值指标，被广泛应用于各类投资决策中。市盈率的公式如下：

$$市盈率 = 每股市值/每股盈利$$

$$= 总市值/净利润$$

市盈率可以通俗地理解为市场愿意为这只股票赚到的每一元净利润（分母）支付多少成本（分子）。显然，市盈率越高，这只股票的估值越高。为什么同样是一元的净利润，人们愿意支付的价格不一样呢？这里面有很强的心理因素存在。

科技行业的市盈率比传统行业更高，是因为人们预期科技行业未来的增长更快。虽然两家公司今天都赚了一元，但再过3年，科技公司赚到的钱将会是传统公司的好几倍，股价自然也会远远超过传统公司，所以人们愿意为此支付更高的价格。另外，市场行情过于疯狂，投资者过于乐观的时候，市盈率也会很高。

指数也有自己的市盈率，如果有一天你发现指数的市盈率超出正常值，就是时候减仓甚至清仓抛售了。

打开乌龟量化网站，在顶部菜单栏选择"指数"命令并选择你所购买的那个指数，如图4-6所示，在本书案例中以沪深300为例。

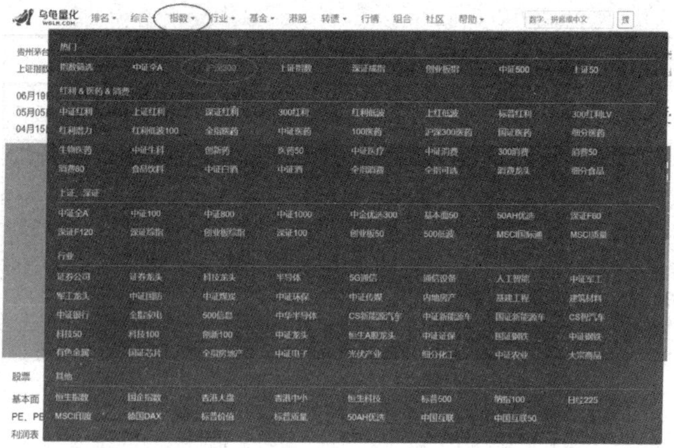

第四章 组合：构建资产配置策略 175

图4-6 在乌龟量化网站中找到沪深300指数市盈率

进入指数详情页后，简单查看当前估值的历史百分位数即可（见图4-7）。用100%减去这个数字，就是你可以配置在沪深300ETF上的仓位比例，也就是估值越高，价格越贵，仓位就越小。既然剩下的钱要用来配置标普500ETF，所以这个百分位数也是你用于配置在美股基金上的比例。

你可以在每个定投日查看一次这个数字。假设今天是你的定投日，当前网站显示，沪深300的估值处于历史35.12%的百分位上，因此你可以把35.12%的资金配置给标普500ETF，再把剩下的64.88%配置给沪深300ETF。当然，这只是一个参考值，你根本没必要做到如此精确，如果你凑个整，给沪深300ETF配置60%或70%的仓位也是可以的。

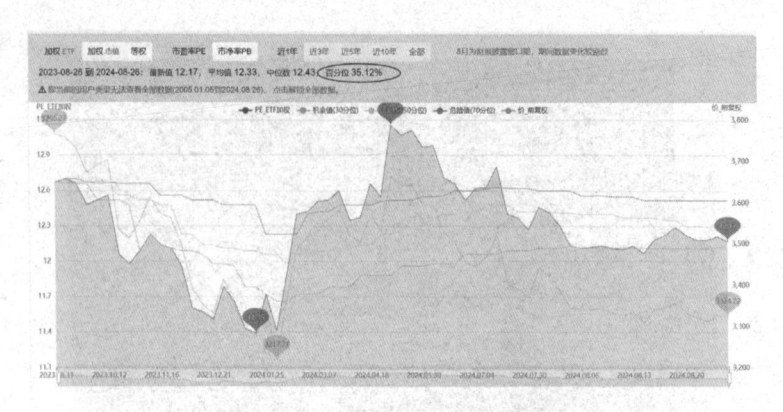

图4-7　查看当前市盈率百分位数

如果市场过于疯狂，类似2015年的时候，你要做的是减持甚至抛售，笑纳"市场先生"的馈赠，待一地鸡毛之后再进场抄底。所以你要根据历史经验，给自己定一个危险值，一旦超过这个危险值，你就不能再投入了，反而要减仓甚至清仓。

寻找危险值的方法就是根据指数过往走势，查看历史市场高点对应的市盈率数字，一旦达到这个数字，就要坚决减仓。按历史经验，当沪深300的市盈率超过15倍时，就是市场过于乐观的时候，此指数历史上的三次高点（2007年、2015年、2021年）都刚好在5 000点以上，之后便是倾泻而下的股灾（见图4-8）。

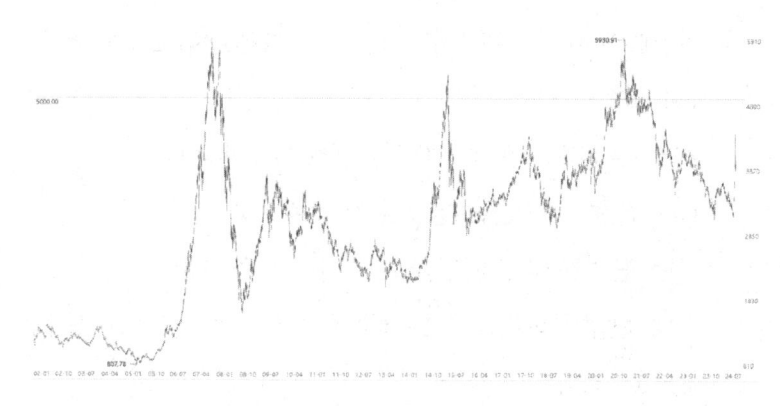

第四章 组合：构建资产配置策略　177

图4-8　沪深300历史上三次高位都在5 000点以上

所以，我会在指数市盈率大于14倍时停止投资并适当减仓，当数值大于15倍时，我会将沪深300ETF全数抛售。你可以在乌龟量化中看到指数当前的市盈率数值（见图4-9）。

图4-9　查看指数当前市盈率

沪深300是最流行的指数，本书以它作为案例来讲解。如果你青睐别的指数，也可以利用上面的方法来找到该指数的危险值。方法是对照2007年、2015年、2021年三次泡沫高点对应的市盈率数值，给自己设定两个临界值：当市盈率超过第一个临界值时，停止定投并减仓；当超过第二个临界值时，坚决清仓。

在接下来的每个月中，你只需重复以下步骤即可：

（1）首先，把钱分成活钱、死钱两部分。

（2）把活钱投资到债券和黄金中，仓位各半。

（3）根据市盈率决定A股ETF的仓位，再把其余的钱投资到海外的ETF中。

如果突然急需用钱，不得不减仓的话，可以优先减持活钱的资产。在第二章中，你已经对自己的每月收支情况作出了规划，除非突发事件，你不应该经常动用基金中的钱。如果总是如此，恐怕你要重新做一次规划了。

为什么定投策略有效

你可能不敢相信，投资就这么简单？

还真就是这么简单，只要找对方法。定投策略之所以有效，是因为价值规律会发挥作用。价格会围绕价值上下波动，不可能偏离真实价值太远。当资产价格在低位时，你花同样的钱能买到更多的份额，相当于捡了便宜；当资产价格变高时，你买的份额也少了，甚至可以把它卖掉。也就是说，定投策略客观上造成了低买高卖的效果。

即使你开始定投之后资产价格就下跌了也没关系，因为只要坚持定投,你会在价格越低的时候买到越多份额,客观上摊薄了成本。假设每一份基金一开始的成本是10元,但市场进入了熊市,你就会在接下来的时间里,用同样的钱买到更多份额,快速地摊薄成本。过了几个月,你的每份基金成本可能摊薄到5元了。但是寒冬总会过去,牛市总会到来,等到市场回暖,每份基金价格涨回10元的时候,你可不仅仅是回本那么简单,你的手上早已有5元的浮盈了。这就是ETF定投的微笑曲线原理(见图4-10)。

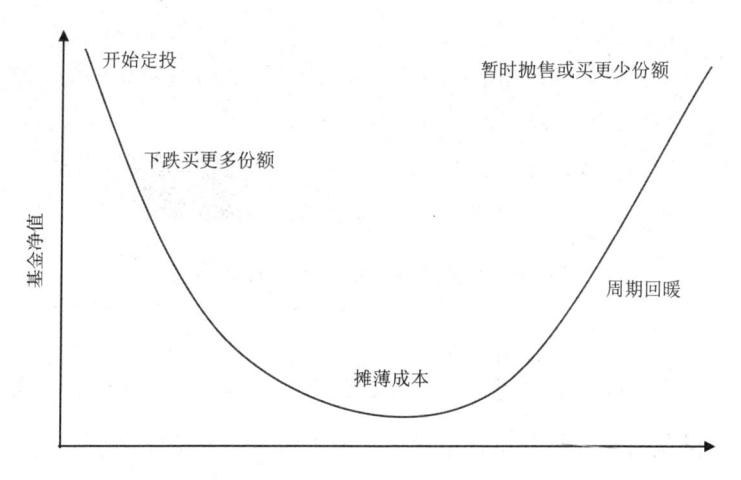

图4-10　ETF定投的微笑曲线

经济不可能永远保持高速增长,也不可能持续寒冬,因为万物都有周期,低点之后必然回升,高点之后必然下跌,这是经济规律。只要这个规律在，定投策略就一定能发挥作用。

只是，你需要充足的耐心。

如何设置自动定投

你可以使用工具来自动完成定投，以避免心理补偿效应的出现。

在你的基金自选列表中，点击具体的基金产品，在基金产品详情页下方点击"定投"按钮，按要求设置定投计划即可（见图4-11）。

图4-11 基金产品详情页下方按钮示意图

你可以自定义定投金额和定投周期，与小荷包类似，你可以设置为每周甚至每日定投。当前支付宝不支持使用小荷包作为基金定投的支付手段，只能使用银行卡和余额宝。所以，如果你决定开启定投计划，就不需要往小荷包里攒钱了，让本应该存入小荷包的钱直接投资到基金里面即可。小荷包只适合那些极度厌恶风险，只愿意购买货币基金的读者。

自动定投的最大好处是增强了纪律性，避免人为犯懒的情况，保证交易规则能被顺利执行。但是，自动定投的缺点在于无法进行精细化管理，你需要在定投日里人为地制定下个月的投资金额，并人为地调整自动定投计划。调整完后，交给软件来执行即可。

【练习】

接下来的练习非常重要！请找一个无人打扰的环境，好好规划自己的理财计划。

我的定投日是每＿＿＿＿个月的＿＿＿＿日。

我的定投频率是＿＿＿＿（每日/每周/每月）。

今天是我的定投日，此时此刻，我手上的资金一共＿＿＿＿元，分配如下：

（1）活钱：＿＿＿＿元。

（2）死钱：＿＿＿＿元。

今天，A股指数市盈率百分位数是＿＿＿＿，所以我投资给A股的比例是＿＿＿＿（100%-市盈率百分位数），对应资金量是＿＿＿＿元。

综上所述，我今天的建仓计划如下：

（1）A股ETF：＿＿＿＿元。

（2）美股ETF：_____元。

（3）债券基金：_____元。

（4）黄金ETF：_____元。

打开支付宝，在自选列表中找到四只基金，分别设置定投计划吧！

每个定投日，你都要重新检查、调整你的定投计划。图4-12所示的定投日检查表模板，有助于你进行梳理。

```
日期 _____

        ┌──── 当前各资产净值 ────┐

  ● A股ETF：_____元，占比_____
  ● 美股ETF：_____元，占比_____
  ● 债券基金：_____元，占比_____
  ● 黄金ETF：_____元，占比_____

        合计：

  ─────────────────────────

        ┌──── 本期计划 ────┐

  本期计划投资总额：_____元
     活钱：_____元
        债券基金：_____元
        黄金ETF：_____元

     死钱：_____元
        现在，A股指数市盈率百分位数是_____
        A股ETF：_____元
        美股ETF：_____元
```

图4-12　定投日检查表模板

第三节 激进路线之杠铃策略

什么是杠铃策略

能不能在定投的基础上,适当承担更多风险,并博取更大的收益?

杠铃策略可以满足这类人的需求。请放心,它的风险也是可控的,并且也不需要专业知识。

回想一下"固收+"策略。该策略的基本方法是,在大部分资产配置固定收益品种的基础上,小仓位配置股票等高收益品种以博取超额收益。该策略在一定程度上增加了风险,但因为大部分仓位都在固定收益产品上,这部分仓位带来的固定收益成了资产的安全垫,所以风险可控。同样,你也可以在定投策略的基础上,拨出不超过10%的仓位出来尝试一些高风险、高收益的进攻性品种,打造自己的增强型组合。这就是杠铃策略。

需要注意的是,杠铃策略不是雨露均沾的,它必须是两边大、中间小,就像杠铃一样配置在两个极端点上,即风险很高加上风险很低,没有中间路线(见图4-13)。你要坚决抛弃那些中等风险、中等收益的策略,否则就不是杠铃,而是砖头了。两个极端点的风险与收益并不会中和成中等风险和中等收益,而是独立发挥作用。

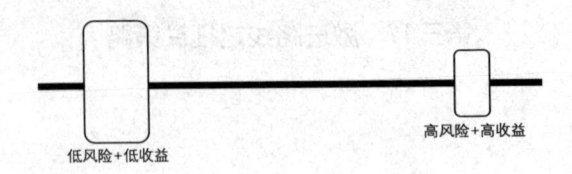

图4-13 杠铃策略示意图

（低风险+低收益　高风险+高收益）

杠铃策略之所以有效，是因为真实世界的风险和收益的分布往往是不平均的，你人生的所有财富往往取决于一两次大机遇。大机遇难得一遇，但只要抓住了，就能够赚取相当大的回报，这是人生的常态。

想象这样一个场景：有一个机会摆在你面前，成功率低至1%，但是只要成功一次，你就能赚取200倍的收益，你会不会在这个机会上奋力一搏？

这个机会的收益率太大了，即使概率再低也值得一试，毕竟，万一成功了呢？即使从来没成功过，但努力过了就不会后悔——这说法是不是很熟悉？古今有抱负者，都有这样的观念，这背后其实是有数学逻辑的。

假设我重复尝试了100次，一次投入1元，成功率为1%。一旦成功了，我将赚到200元。从数学上看，努力尝试的期望值为正，因此值得一搏：

该机会的期望值=1% × 200元 - 99% × 1元

=1.01元>0

真实世界的机会分布是极不均衡的,大机会出现的概率更低,但收益率又何止200倍?创业九死一生,但是如果成功把企业做上市,你将功成名就,从此财富自由;买彩票中大奖的概率甚至只有千万分之一,可是一旦中奖,你将赚到几千万甚至上亿元的财富,从此衣食无忧;即使家人反对,你也要和喜欢的人在一起,因为一旦有情人终成眷属,你将获得一辈子的幸福。这些机会的回报,又岂能用数字来衡量!

但是且慢,大机会的成功率太低了,万一失败了呢?

世人只看到成功企业家的光鲜外表,却没有看到千千万万失败的创业者;世人只知道那个中了头奖的幸运儿,却不知道千千万万失望的彩民。成功路上到处是悲壮的故事。

首先,这个机会是值得争取的,因为收益率太高了。但是,这个机会又不能重仓参与,因为成功率太低了。正确的做法是在有限的风险内争取这个机会,先维持住自己的基本盘,再用少一点的资源去争取这些机会;假如争取失败,也不会对你产生负面影响。梦想还是要有的,万一实现了呢?只是你没有必要为了梦想做悲情英雄。

杠铃策略在生活中的应用比比皆是。

有位畅销书作家,他拥有一份非常稳定的工作,但能一眼望到头。他干脆利用业余时间写小说,没想到一经出版就成为畅销书,销量超过3 000万册,给他赚来了数千万元的版税。这位作家是幸运的,因为业余写小说的人可不止他一个。万一他不是那个幸运儿呢?他的本职工作也足以让他安稳度过余生。

有的人上班很努力地工作,只是回家路上刚好有一家彩票店,就养成了下班买几张彩票的习惯,毕竟彩票的奖金太丰厚了,万一自己是那个幸运儿,人生将彻底改写。当然,买了一辈子彩票也不中奖的大有人在,即便如此,每个月几元的支出也不会影响他的正常生活。

有的人一边上班,一边兼职做短视频,不知不觉积累了上百万粉丝。短视频是一个拥挤的赛道,能成为百万博主者少之又少。如果他没有做起来呢?至少,他还有一份工作。

有的公司在一个传统行业里做到了龙头地位,现金流非常好,但是行业已经迈入成熟期,发展空间有限。于是,老板抽调了一小部分人成立了专项组,给他们少量预算探索新兴行业的生意机会。如果成功了,公司将发育第二增长曲线,市值再上台阶;如果失败了,基本盘还在,不会伤筋动骨。

但是,你不能什么都想要。既然要博,就博大的机会,放弃那些中等风险、中等收益的平庸机会。有的人一边上班,一边兼职开小卖铺,这就没有必要了。

杠铃策略的应用范围很广,它不仅是理财的方法,也能用于事业和生活。所以理财不仅仅是打理金钱，也是在打理人生。

打造你的杠铃策略

理财的杠铃策略是，90%的钱用来老老实实地做定投，10%的钱做一些进攻性配置。

假设你每个月有3 000元可供投资，但使用杠铃策略的时候，你用于定投的钱只有3 000元×90%=2 700元。你要把这些钱分成四份，分别投资到沪深300ETF、标普500ETF、债基和黄金ETF上去。

你手上还有300元，你要用这300元来博取一次大的机会，赚取超额收益，"杠铃"就形成了。如果300元亏光了，你还有2 700元的底仓在手，不影响大局。至于要拿多少仓位来博取高风险收益，也是因人而异的，原则上以你感觉舒服、睡得着觉即可，但最多不超过10%。

定投的方法已在上一节讲过，这一节主要讲进攻性仓位的配置方法。

如果你缺乏专业的投资知识和经验，能配置的进攻性品种其实是很有限的。

（1）进攻性仓位的金额很小，少则几百元，多则几千元，能配置的大类资产大体上只包括股票、期货、基金。

（2）股票已是除了基金最简单的品种，如果你连炒股都不会，那就更别碰期货了。

（3）坚守你的能力圈，如果你不懂股票，就不要硬配，否则你是在给市场送钱。

（4）综上所述，你还是只能配置基金，那么有什么进攻性强的基金呢？

你只有唯一的选择，那就是行业ETF。它不像宽基指数那样缺乏想象力，也不像个股那样充满风险。它足够分散化，你买入一只行业ETF，相当于买入了一整个行业，它的成分股都是这个行业里的代表性公司，这些代表性公司的整体走势就代表了这个行业的走势。如果其中一只成分股下跌，其他成分股的上涨可以对冲个股下跌风险。但另一方面，它们都属于同一个行业，是一条绳上的蚂蚱，会受到行业整体景气度的影响，高景气的行业能远远跑赢大盘，但也可能相反。

不同的年份有不同的风口行业。2020年国家提出"双碳"目标后，光伏、风电等新能源产业链就整体进入高景气周期，同时期的行业指数也跑赢了大盘。同样，2022年11月30日，ChatGPT的横空出世吸引了世人的眼光，人工智能产业链也走出了独立行情（见图4-14）。如果你把杠铃的一端配置在这些行业上，就能博取到超额收益。

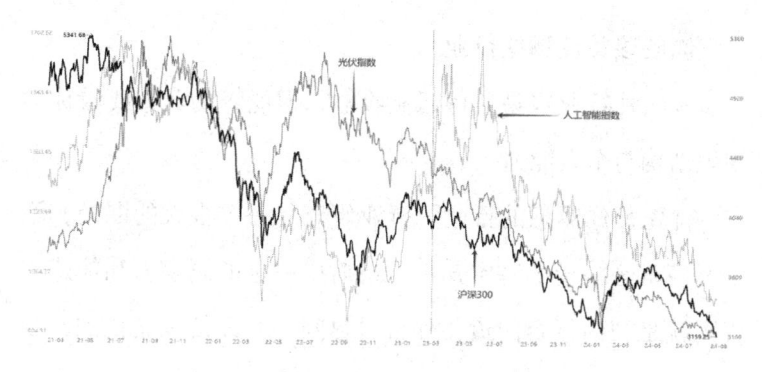

图4-14 光伏和人工智能先后跑赢大盘

但要注意的是，杠铃的这一端存在更高风险。如果你看错了风口，在2023年的时候没有买入人工智能，而是买入了建材，你的这部分收益将远远跑输大盘（见图4-15）。早知如此，何不老老实实定投宽基指数？人是赚不到认知以外的钱的，如果你是初学者，请老老实实做定投策略，谨慎考虑杠铃策略。

图4-15 2023年起，建材指数明显跑输大盘

你应该关注哪些行业

有四种行业容易获得超额收益，但能否驾驭，要看你的知识结构与个人能力。

首先是你熟悉的行业。行业研究是一个很大的课题，除了要懂得经济学的基本知识，还需要一定的洞察力和体感，否则就是"内行看门道，外行看热闹"。即使你能找到大量的行业数据，如行业规模、增速、竞争格局等，你也不知道这些数据意味着什么。如果你既不是行业的从业人员，也没有受过专业的行业研究训练，是很难获得洞察力的。

我见过很多人，他们因买入某个行业的股票而赚到了钱，但终究都会把利润回吐给市场，凭运气赚到的钱，会凭本事还回去。因为他们对行业的认知并不深刻，只是该行业正好处在风口上，他们跟风买进了而已。

但是，在你自己的行业领域，你是真正的行家，你在自己的行业耕耘了数年，你对行业的理解是远远超过基金经理和分析师的，后者通常要和从业者访谈之后才能写出有洞察力的报告。春江水暖鸭先知，行业什么时候高景气，从业者比谁都了解。需要注意的是，关注一个行业，不等于看好这个行业。许多行业分析师都有一个通病，一旦关注了某个行业，他们会觉得这个行业什么都好。小明在互联网公司上班，小红在传统行业上班，他们都坚持定投自家公司的股票，结果几年之后，小明赚了钱，小红亏了钱。原因无他，情人眼里出西施而已。

第二个值得关注的是代表未来先进生产力的行业，且应该重点关注。中国的人均GDP已经进入中等收入水平，正处于经济增长方式转型的关键时期，要让人均产出再上一个台阶，就不能靠老办法。新质生产力替代旧生产力是大势所趋，这已经是全国人民的共识。那些更先进、附加值更高、更有科技含量的行业，将能持续跑赢大盘。

问题在于，什么样的行业代表了未来先进生产力呢？国家已经给出答案了，那就是5年规划纲要文件。2021年3月，"十四五"规划发布，文件展望了2035年中国的愿景，也指明了未来5年的发展方向，至于要大力发展哪些行业，也都明明白白地写进文件里了（见图4-16）。你可以从中找到感兴趣的、看得懂的行业，并持续关注。每5年一次的规划纲要文件值得每个人细细研究，投资、创业、就业的方向，都在文件中写得清清楚楚。你可以很方便地在网上找到这些文件的具体内容。

专栏8　数字经济重点产业
01　云计算 加快云操作系统迭代升级，推动超大规模分布式存储、弹性计算、数据虚拟隔离等技术创新，提高云安全水平。以混合云为重点培育行业解决方案、系统集成、运维管理等云服务产业。
02　大数据 推动大数据采集、清洗、存储、挖掘、分析、可视化算法等技术创新，培育数据采集、标注、存储、传输、管理、应用等全生命周期产业体系，完善大数据标准体系。
03　物联网 推动传感器、网络切片、高精度定位等技术创新，协同发展云服务与边缘计算服务，培育车联网、医疗物联网、家居物联网产业。
04　工业互联网 打造自主可控的标识解析体系、标准体系、安全管理体系，加强工业软件研发应用，培育形成具有国际影响力的工业互联网平台，推进"工业互联网+智能制造"产业生态建设。
05　区块链 推动智能合约、共识算法、加密算法、分布式系统等区块链技术创新，以联盟链为重点发展区块链服务平台和金融科技、供应链管理、政务服务等领域应用方案，完善监管机制。
06　人工智能 建设重点行业人工智能数据集，发展算法推理训练场景，推进智能医疗装备、智能运载工具、智能识别系统等智能产品设计与制造，推动通用化和行业性人工智能开放平台建设。
07　虚拟现实和增强现实 推动三维图形生成、动态环境建模、实时动作捕捉、快速渲染处理等技术创新，发展虚拟现实整机、感知交互、内容采集制作等设备和开发工具软件、行业解决方案。

图4-16　"十四五"规划纲要中列举的部分重点产业

但是问题来了，新兴产业是个宽泛的概念，人工智能、生物科技、深海探测都算，我们该如何选择？除了选择自己熟悉、感兴趣的领域，是否还有别的选择标准呢？

如果一定要做出选择，那就尽可能选择生产力级别的行业。生产力是人类社会发展的根本动力，是改造自然和影响自然并使之适应社会所需要的客观物质力量。生产力的发展能提高效率，也是提高人均GDP的关键。假设当前中国的人均产出是每年1.27万美元，如果生产力水平保持现状，只靠勤劳刻苦加班加点，人均产出的增加是有限的。但是经过生产力的发展，人均产出将再上台阶、成倍增长，生产力的意义就在这里。

人类历史上的历次工业革命都是由于生产力级别的技术进步而产生的。例如，用蒸汽机取代人力，用电力取代蒸汽机，每一次都是质的飞跃。信息技术可以提高全社会的运营效率，也属于生产力级别的技术，所以才能引领第三次科技革命，因此那些声称"互联网不创造价值"的说法是失之偏颇的。有了互联网，即使你住在孤岛上也可以和全世界交流、协作。互联网出现之前，人们写书要到图书馆查资料；现在我写书只要上网查资料，这就是生产效率的提高。

人工智能是典型的生产力技术。生产力的提高有个共同点，就是用外部工具来替代人力，比如用汽车替代人腿，用机械臂替代人手。而现在，人工智能可以替代人脑。大语言模型已经能够根据用户需求创造出小说、剧本、图片等，甚至可以帮助人类写代码。虽然写出来的代码并不完整，但是人工智能可以在几秒钟内给出一个框架,程序员只需修改即可使用,而不必像过去一样从头开始敲代码了。人形机器人产业也在不断向前发展,有朝一日,结合了ChatGPT大脑的人形机器人将替代人类的一切危险工作,上可高空作业,下可钻井勘探,机器人管家将进入千家万户,解决洗衣、做饭、扫地、看娃等一切家务活。从生活琐事中解放出来的人类可以从事更有创造力的工作。

那么,曾经备受资本市场热捧的光伏和风电,是不是生产力级别的技术呢?并不是。光伏和风电替代化石能源,只是能源结构的替换,在这一波浪潮中,发电厂需要更换新设备,会引发一波产能周期。但从本质上来说,光伏、风电所发的电,与火电厂发的电是一样的。光伏发的一度电并没有更大的能量密度,它和蒸汽机替代人力、电力替代蒸汽机,是有本质区别的。同样,新能源汽车替代燃油车也只是能源结构的替换而已,新能源汽车并没有更快的速度,也没有更高的能量密度。你开着新能源汽车从北京到上海,花费的时间和燃油车是一样的,燃油卡车和新能源卡车的工作效率是一样的。新能源汽车并不能提高生产力,它和汽车替代马车是有本质区别的。所以,这一类行业本质上是周期性行业,一旦发电厂完成一轮设备替换,或者消费者完成一轮新车的购买,需求被透支,必然引起未来几年行情下行。因为要经过8~10年，设备和汽车折旧完了，他们才会开始新一轮的购买。所以，这类行业受经济周期的影响非常明显，它们本质上并不是成长性行业，也无法引起新科技革命。

购买行业ETF是一个脑力活，你要有较强的风险承受能力以及对行业的深入理解，这样你所配置的杠铃这一端才能为你带来超额收益。

第三种值得关注的是容易赚钱的行业，此类行业主要集中在消费、医疗两个领域。同高科技行业相比，这类行业好理解、好赚钱，是理想的配置方向。巴菲特就尤其偏好可口可乐、麦当劳这样的食品行业，因为吃是永远的需求，能够抵抗经济的波动，而且它们好理解，逻辑简单，你不用为学习难懂的科学技术而发愁。如果你实在看不懂新兴产业的逻辑，不如花心思研究这些"传统印钞机"。

为什么消费和医疗是"传统印钞机"？这里简单介绍一下ROE（return on equity，净资产收益率）的概念。它的公式为：

$$净资产收益率 = 净利润 \div 净资产$$

净资产指的是总资产扣除负债的部分，是投资者的权益，所以ROE指的是你投资的一元钱能够创造多少钱的净利润。这个ROE有多神奇呢？它是复利的秘密。假设一家公司的净资产是100万元，而且每年保持着20%的ROE水平，于是收益如下：

第一年：100万元的净资产创造了20万元的净利润，假设该公司将20万元净利润全部用于扩大再生产，因此到了年底，公司净资产将扩大到120万元。

第二年：120万元的净资产创造了24万元的净利润，公司继续扩大再生产，年底净资产变成144万元。

第三年：144万元的净资产创造了28.8万元的净利润，到了年底，净资产变成172.8万元。

第四年：172.8万元的净资产创造了34.56万元的净利润，年底净资产变成207.36万元。因为保持着20%的复利增长，短短四年时间，公司的规模已经扩大了一倍。

第五年：207.36万元的净资产创造了41.47万元的净利润，年底净资产变成248.83万元。

……

ROE就是复利的秘密！假如这家公司能够每年保持稳定的ROE水平，那么从长期来看，投资者权益（净资产）将以ROE为复利呈现指数级增长。当然，一家公司的ROE水平能否持续保持，涉及许多因素，是证券分析的范畴了。有兴趣的读者可以阅读笔者写的《七步读懂财务报表》一书。

2023年，ROE不小于20%的A股上市公司（包含已提交招股书的拟上市公司）只有435家，按照Wind一级行业分类，日常消费和工业分别有104家，是占比最高的行业；其次是信息技术、材料、医疗保健，占比分别是21%、16%、10%。若把信息技术和材料列为上文讲过的未来新兴产业，那么占比最大的行业是日常消费、工业、医疗保健。Wind一级行业分类中的工业是个宽泛的概念，涵盖了工业机械、公路与铁路运输、贸易公司与工业品经销商、航空航天与国防、海港与服务等诸多不相干的子行业。因此若把工业也剔除掉，实际上只剩下日常消费和医疗保健了。

如果你不懂这些行业的投资逻辑也无妨，因为科技、医疗保健、日常消费都是长期上涨的行业。科技是人类的第一生产力，是人类社会进步的根本动力；医疗保健一方面带有科技属性，另一方面受益于人口老龄化趋势；日常消费则整体受益于社会进步带来的收入增长，其中的必选消费又是刚需。因此，你可以直接买入日常消费ETF或医疗保健ETF等大行业的指数基金，如果你有熟悉的子行业，也可以买入细分领域的指数基金，如白酒ETF、中药ETF等。

以上谈到的几类行业从长期来看都是上涨的，但最后要讲到的这个行业就不一定了，需要你有一定的知识，那就是周期性行业，如能源、金融、房地产、制造业等。光伏就是典型的周期性行业，景气好坏的行情下市盈率可以相差近6倍。当这些行业处于周期底部的时候，价格往往很便宜，在周期顶部卖出，就能获得巨大的收益。周期性行业也因为高弹性而受到部分投资者的青睐。但是，要判断行业周期拐点可不是易事，如果没有把握，请远离这种行业。

投资是最好的转行手段。可能你正在从事某个传统行业，你的技能、资源、人脉，都在这一行里积累下来了，但是，你的行业已经日薄西山，你又很羡慕那些高科技的从业者。可是转行谈何容易？你有新行业的工作经验和人脉资源吗？你甘心从零开始吗？你是否想过可以利用金融手段实现间接转行呢？你可以继续从事自己熟悉的传统行业，这是你的基本盘，赚到钱后，你再购买新兴产业ETF，把你在传统行业的劳动所得置换成新兴产业的资产并长期持有。随着新兴产业的发展，你的资产也能因此获益。这也是杠铃策略在职业生涯中的一种应用。

对行业的研究一定要建立在价值投资的底层逻辑上。如果你配置了某个行业的ETF，要做好和宽基ETF一样长期持有的准备。可能在你买入不久后，行业ETF经历了大幅回撤，但只要行业是有前景的，你的资产净值就一定会回来。千万不要用趋势交易的方式来投资行业ETF，否则，你是在追逐热点，而不是投资行业本身。追踪市场热点是一门玄学，尤其在市场缺乏主线的时候，热点轮动的速度比电风扇还快，今天炒电力，明天炒白酒，后天炒减肥药，简直莫名其妙。建议理财新手不要追踪短期热点，因为你总是最后接棒的那一个。

【练习】

根据自己的风险偏好，我决定＿＿＿＿（采用/不采用）杠铃策略。

如果采用杠铃策略，我决定，高风险仓位比重是＿＿＿＿%（不超过10%）。

我决定增加定投的行业基金是＿＿＿＿。

第四节　小明理财记

刚从大学毕业的小明同学读完了这本书，一拍大腿："好哇！从今天起，我要开始省钱了！"回到家，他就拿起小本子，做起了规划。

小明今年22岁，刚刚踏入社会，目前在上海工作。上海应届生的月薪中位数大约是10 993元，小明这个月才刚入职，还在试用期内，他的试用期工资只有8 794.4元。他努力地工作，希望能做出成绩，在年底赚到一笔奖金。但是，奖金是不确定的，每个月的固定工资是可以预期的。他的第一步任务，是计算自己的支出，尽可能把钱省下来。

小明梳理了自己过去半年的开销，换算成每个月的平均支出（以下数字仅为案例）。

（1）房租。小明的公司在上海静安区，为了节省成本，他住在较为偏远的宝山区，在一号线地铁沿线位置找了个住所，这样就能方便地挤地铁上下班了。他找到了一套性价比不错的房子，月租3 800元。

（2）物业、水电、燃气、网络等硬性开支。每月400元。

（3）公交通勤。8元/天×20天=160元/月。

（4）出租车。打车是偶尔为之，所以每个月的金额差异很大，为了保守估计，小明参考了花费最大的那个月份的金额。前段时间朋友来上海玩，住在嘉定区，他和朋友喝酒到深夜，从嘉定打车回宝山就花掉了73元，那个月总共花掉打车费180元。

（5）其他交通支出。偶尔用其他方式出行，比如共享单车之类，每个月大约50元。

（6）吃饭。因为在公司吃饭，晚上经常还要加班，所以三餐都靠外卖解决。午饭和晚饭每顿38元，早饭10元，则每天吃饭总支出为86元，为方便计算，就凑整算作90元吧。因此，小明每个月的饭钱=90元/天×30天=2 700元。

（7）朋友同事聚餐。单价120～200元/次，这个月为了聚餐，总共花掉了1 000元。

（8）零食。小明一个月有20天要喝奶茶，花费20元/天×

20天=400元,加上偶尔冲动购买的一些零食,每个月的奶茶、零食花费合计600元。

(9)应酬吃饭。小明不从事客户销售类的工作,也没钱请客户大吃大喝,所以没有主动组织过应酬工作,支出为0元。

(10)购物。小明没有找对象,也不喜欢购物,这半年来就给自己买过一双300元的鞋,他觉得这是有必要的支出。为了保守估计,他依然记录了每个月300元的购物预算。他也经常看网络直播,买过一堆不怎么需要的东西,这部分花费大约是每月500元。

(11)游玩。为了减轻工作压力,小明周末就喜欢待在家里打游戏,他上个月刚刚买了一套喜欢的游戏,花费280元,每个月跟朋友出门游玩总共花费500元。

(12)锻炼身体。为了应对工作压力,小明经常去健身房锻炼身体,他办理了一家健身房的年卡,费用1 999元,摊销到每个月就是167元(四舍五入)。

这么一合计,小明每个月的支出大约是10 637元,他的试用期工资是8 794.4元,入不敷出!难怪他每个月还要找家里要钱。他认为有必要重新规划自己的支出,具体规划如下:

(1)房租。在网上一查,他发现地铁站附近有一间不错的长租公寓,地方更小,但是一个人住足够了,好在装修还算温馨,一个月只需3 000元,这就省下了800元。他决定退掉现在的住处，换成这间长租公寓。

（2）物业、水电、燃气、网络等硬性开支。省不了。

（3）公交通勤。省不了。

（4）出租车。虽然打车费用本可以节省，但这几次打车都是迫不得已的，该花的钱还是要花的，总不能朋友来了，你避而不见吧？朋友到上海时天色已晚，两人见面，交谈甚欢，不知不觉公交已经停运了，打车是没办法的事情。经过理性思考，小明决定保留这部分预算，也算是给自己留一个缓冲垫。

（5）其他交通支出。省不了。

（6）吃饭。周末可以在家做饭，一天只需花费30元，假设一个月有4周，周末共8天，每天就省下了90元-30元=60元，一个月可以节省480元。

（7）朋友同事聚餐。可以不那么频繁，预算减半，又省了500元。

（8）零食。这是完全没必要花的钱，可以全部省下来。

（9）应酬吃饭。没有开支。

（10）购物。他决定保留每月300元的购物预算，但是网络直播带来的冲动消费是完全没必要的。于是他删掉了短视频APP，每个月能节省500元。

（11）游玩。他决定多花时间读书，读书APP的会员费只需近百元，不但比打游戏便宜，也好过购买纸质书籍。跟朋友社交是免不了的，但要避免一些要花钱的无效社交，这样每个月又能节省不少钱。

（12）锻炼身体。为健康花钱是值得的，这笔钱不能省，但是他发现住所附近有一家按次付费的健身房，小明一星期去两次，一次平均花费15元，一个月也才花费120元而已。他决定把健身卡转让掉，转向这家按次付费的健身房，这又省下了47元，毕竟苍蝇腿也是肉嘛。

经过计算，小明每个月的支出只需6 930元即可。但是考虑到意外支出等情况，小明决定给自己留点安全垫，也就是将每个月的支出预算设定为7 500元。他的试用期工资虽然只有8 794.4元，但是现在，他每个月还能省下1 294.4元。为了方便管理，小明决定凑个整，他给自己定下了每个月存下1 300元的计划。

因为这个金额不多，小明觉得购买指数基金的意义不大，加上现在收入太低，经常有突然要用钱的时候，而指数基金要求长期投资，不符合小明的现实状况。如果哪天突然要用钱，他就不得不把基金卖掉，那么投资就没有意义了。所以，小明决定先定投货币基金。

小明开通了小荷包，设置为仅限他自己使用，并关闭了小荷包的提醒功能和支付功能。为了不引起补偿心理，他设定了小荷包的每日攒功能，每天攒43.33元，因为金额很小，他根本感觉不到在攒钱。从此以后，小明不再向家里要钱了，还不知不觉地存下了一笔钱。

过了3个月，小明转正了，工资也变成了10 993元。转正那天，他真的很想大肆购物来犒劳一下自己。但是，他很快打消了这个念头，而是坐下来盘点了自己的资产和现金流。

首先，这3个月里，小荷包已经悄无声息地给他攒了3 900元了。

其次，他的工资增加了20%，现在他每个月能存的钱大约是3 500元（四舍五入）。

小明做了认真的自我剖析：现在他已经成为公司的正式员工，接下来的工作会相对稳定，每个月3 500元的存款是可以预期的。而且他虽然年轻，工资不高，但是抗风险能力强，未来有着无限可能。他决定，不再把钱存在货币基金里了，而是开始尝试收益率更高的ETF定投策略。

今天是小明第一天建仓。他先把小荷包里的3 900元存款拿出来，分为2 000元活钱和1 900元死钱，并分别设置了沪深300ETF、标普500ETF、国债ETF、黄金ETF的定投功能。他倾向于高频率、小金额的定投方式，把每个月的定投金额分摊到每天中。

在每个月的最后一天，小明会重新审视自己的投资组合，并把当月的余钱投入现在的基金池里。小明每个月修正一次计划，平时就交给软件来执行定投工作。因为工作太忙，小明几乎忘记了自己在理财这件事，不知不觉，5年过去了。

5年后的某一天，小明盘点了自己的身家。

过去5年里，小明坚持定投基金，每个月定投3 500元，相当于每年定投42 000元。加上此前小荷包里的3 900元，小明在第一年的初始资金是45 900元。

假设小明的投资组合每年给他带来了8%的回报。到了第二年，上一年的45 900元增值了8%，再加上这一年追加的42 000元投资款，第二年的资产净值达到了91 572元。到了第三年，这笔钱又增值了8%，再加上这一年又追加的42 000元投资款，这笔钱的净值变成了14 0897.76元。以此类推，到了第五年，小明不知不觉存下了25.17万元（见表4-2）。

表4-2　小明22~27岁的投资组合净值变化

年份	基金组合净值/元
第一年	45 900
第二年	91 572
第三年	140 897.76
第四年	194 169.58
第五年	251 703.15

如果小明当初没有做过理财规划，而是像刚入职的时候一样大手大脚地花钱，那么他现在能有25万元的存款吗？如果他只是存钱而非定投基金的话，那么他现在的存款也只有21.39万元而已，比实际少了将近4万元，考虑到通货膨胀的影响，这些存款其实是在贬值的。

你可能会觉得4万元的增量并不多，但请记住，理财的目的是为未来积蓄粮草，而不是赚钱。对他来说，发财的唯一方法是做好现在的本职工作。这5年来，小明非常努力，赚了不少绩效奖金，加上这笔理财的存款，小明手上一共存了50万元。另外，小明也在公司干了5年，工资也跟着水涨船高。在上海，有5年经验的员工，中位数工资在16 822元左右。现在的小明完全可以过上相对宽裕的生活，可以换一套更大的公寓，也可以偶尔吃顿山珍海味，但小明非常清楚地知道：他今天省下来的每一分钱，未来都会拥有更强的购买力。因此，小明并没有因此松懈，何况他才27岁，还没到需要用大钱的时候。只不过，小明最近谈了个对象，他每个月不得不多花2 500元在和女友吃饭、过日子上。

因此，他每个月要花的钱，变成了7 500元+2 500元=10 000元，他的月薪是16 822元，每个月还能剩下6 822元，也就是每年可以节省81 864元。

小明重新盘点了一下投资组合，制订了新的5年理财计划。

第一年，他把50万元存款都用于基金定投。假设小明的理财能力趋于成熟，他的投资组合现在能创造年化10%的收益。到了第二年，这50万元增值了10%，加上他存下来的81 864元工资，账户上有了631 864元。到了第三年，这笔钱又增值了10%，加上他这一年存下来的81 864元工资，账户变成了776 914.4元。以此类推，到了第五年，小明早已变成了32岁的老明，而他的手上有了111.2万元左右的存款（见表4-3）。这还没算上他努力工作赚到的奖金，老明合计合计，终于能和对象谈婚论嫁，也有望在上海买房安家了。

表4-3　小明27～32岁的投资组合净值变化

年份	基金组合净值/元
第一年	500,000
第二年	631,864.00
第三年	776,914.40
第四年	936,469.84
第五年	1,111,980.82

老明看着这100多万元的存款，庆幸当年读了老林写的《好好存钱》，要是年轻时候"人生得意须尽欢"，还不知

道什么时候"千金散尽还复来"。

还是那句话,理财不会让你发财,但是会在你需要钱的时候,给你储备好粮草和子弹,不至于出现"一分钱难倒英雄汉"的局面。理财的收益率不高,如果要在理财中赚到钱,只能在两个方面下功夫。一个是增加仓位。就像小明,他赚到的大钱都是在本职工作中赚来的奖金。当你的仓位变大了,每年即使只有10%的收益率也是很可观的。另一个是长期持有。要相信复利的力量,指数基金会在长期表现出让人满意的收益率,但是在短期一定是上下波动的。所以小明要做的,就是让软件自动执行定投行为,自己忘掉这件事,好好投身本职工作中。

当然,以上只是个故事。但是当你需要结婚、买房、创业、投资的时候,手上有钱也好过囊中羞涩。年轻时候不存钱,换来的将是中年拮据。要选择什么样的人生,选择权在你,你命由你不由天。

后记

理财，一生的修行

为什么要理财？

因为理财是一生的修行。理财，理的是人生，你是在培养一种思维方式，也可以称为"财商"。有财商的人，这辈子肯定不会过得太差；财商高的人，可以掌控自己的命运。

你曾经有很多梦想，请问你实现了吗？或者正在追寻梦想的途中？还是说，你已经放弃了梦想，把它们尘封在心底？为什么你不能鼓起勇气追寻梦想？还不是因为，你的梦想早就被日常的柴米油盐取代了。掌控不了经济，就掌控不了人生，所以，你只能为了老板的梦想而燃烧自己，总是告诉自己再等等，再赚一点钱，再给你一些时间，你就可以为自己的梦想而活了。不知不觉，岁月已蹉跎，回头一看，自己早已过了谈理想的年纪，也早已失去了激情和体力。你的人生无法重来了，梦想早已越走越远。

这一切，还不是因为一个"钱"字！眼前的苟且和远方的诗之间，我们不得不选择前者。

人生如水，时而奔流直下，时而蜿蜒曲折，在这漫长的旅程中，我们每一个人都是自己的舵手，理财则是那把掌握方向的舵。若不理财，人生的船只便如同失去了方向的浮木，在命运的波涛中随波逐流。理财不仅是对金钱的管理，更是对人生的管理，也是一场漫长而不可懈怠的修行。

本书的开篇便强调了理财的重要性："再不理财就晚了！"这不仅仅是对人生的警醒，更是对机会的珍视。时间一去不返，机遇稍纵即逝，唯有及早着手理财，才能在未来的岁月中从容应对风雨。在这条理财的道路上，我们或许并非金融行业的专家，或许不懂那些复杂的金融术语，但我们依然可以通过学习和实践，掌握足以让我们立于不败之地的理财智慧。

第二章正式开启了理财的起点，理财是从制订计划开始的。它看似是一个存钱计划，其实是人生的规划，从这里开始，你正式宣告了自己对人生的掌控权。你在控制消费欲望的同时，不是在剥夺自己的享受，而是在为未来的自由积蓄力量。这些省下来的钱还是你的，只不过，你把现在的购买力挪到了未来，你今天省下来的每一分钱，在未来都能创造更大的购买力。

是否愿意着手制订理财计划，隐藏着我们对生活的态度：是贪图一时的享受，还是为长期的幸福积蓄力量？打造成熟的理财计划，意味着我们必须对消费欲望有清晰的认识，并学会理性对待它。理财也不能让你一夜暴富，但是能让财富长期稳健增长，谁都渴望财富自由，这就是你的第一步。但很多人连第一步都迈不开，一边入不敷出，一边做梦。

钱是存下来了，怎么让钱生钱呢？

这是因人而异的。风险从低到高，我们讲到了货币基金（小荷包）、指数基金定投策略、杠铃策略，所有策略的目的都一样——让钱生息增值。金钱是工具，而非最终目的。理财高手懂得如何让钱为自己工作，而不是自己为钱劳碌一生。

本书不仅教你怎么投资股指，还教你怎么投资债券基金和黄金，哪怕是股票基金，也分仓配置到中国和美国两个最大的经济体中，这应该也是本书最大的特色了。万物皆周期，很少有人能意识到，自己是一个更大时空格局上的一粒尘埃。很多人觉得投资给一篮子的股票已经足够分散化了，其实不然，全仓单个经济体、单个市场、单个资产，从空间上看，你依然承担了这个经济体的系统性风险，当经济体陷入长周期的衰退与萧条时，你的资产也将长期缩水；从时间上看，即使这个经济体正在长期发展，但过程也不是一帆风顺的，而是在复苏、过热、滞胀与衰退中轮回，不同资产在不同阶段的表现也都不一样。本书真正做到了极致的分散化配置，不仅覆盖了经济周期各阶段的主流大类资产，还考虑到资产在不同经济体之间的配置，但是，长期收益率最高的股指基金，依然配置了最大的仓位。这就实现了资产的有机配置，兼顾了分散和集中。

当我们站在经济周期的高点，心中往往充满了乐观的情绪，认为股市、房市都将一飞冲天；而当我们处于周期的低谷，恐惧和不安则如影随形。这样的配置方案，能让你在狂热中保持冷静，在恐慌中保持理智。周期恒流转，都付笑谈中。

第四章的资产配置策略，完成了从"买什么"到"怎么买"的闭环，让纯粹的理财行为变成了一套完整的交易体系、投资策略。可能你还体会不到系统的重要性，但照着本书的方法做，未来会大有裨益。我们要根据自己的风险承受能力，制定适合自己的理财策略。稳健型的投资者会偏好定投；而风险偏好较高的投资者，则可以拿小仓位出来博取超额收益，打造杠铃策略。无论哪种策略，都需要我们对自己的财务状况有清晰的认识，不能盲目追求高收益，而忽略了风险的存在。

杠铃策略很有意思，它是我个人极为推崇的一种思维方式，它不仅是理财策略之一，也是生活、工作、事业的策略。所谓杠铃，就是在两个极端点上进行配置，一端极度保守，一端极度冒险。主业上班，兼职写小说；或一边稳住现金流业务，一边积极探索第二增长曲线，这些都是杠铃策略的应用。甚至，你可以一边在熟悉的传统行业赚钱，一边把赚来的钱投资到新兴产业的ETF中，间接地实现转行，这是杠铃策略在职业生涯中的应用。杠铃策略是一种思维方式，它的使用场景远不止这些。所以我才说，理财的本质是培养一种思维方式，财商高的人，这辈子不会过得太差。

所以，理财是为了什么呢？为了存钱吗？

不是，是为了财富和精神的自由。

正因为不想为了金钱而活，所以才要理财。我们要让金钱为我们服务；而我们，为自己而活。手中有粮，心中不慌。理财或许发不了财，但是可以让你逐渐掌控生活，收获不焦虑的人生。

在理财的过程中，你不知不觉地培养起来一种系统化的思维方式。这种思维方式不仅适用于投资，还适用于人生的各个方面。我们学会了如何在不确定的世界中找到确定性，如何在风险与收益之间做出平衡，如何在面对诱惑时保持清醒。这些道理，同样可以应用到我们的职业规划、家庭生活、健康管理等方面。

人生是一场长途旅行，带上足够的干粮，你才能去你要去的地方。通过理财，我们不仅能积累财富，还能积累智慧。理财的过程中，我们学会了如何规划未来，如何在风雨中前行，如何在机会和风险中找到平衡。相信开始理财的你，一定能走出属于自己的未来。

写到这里，这本书已到尾声，但这仅仅是你人生的开始。在这个浮躁的时代，愿你能掌握财务主动权，成为自己人生的主人。